新版数学シリーズ

新版基礎数学演習

■

改訂版

■

岡本和夫［監修］

実教出版

本書の構成と利用

本書は，教科書の内容を確実に理解し，問題演習を通して応用力を養成できるよう編集しました。

新しい内容には，自学自習で理解できるように，例題を示しました。

要点	教科書記載の基本事項のまとめ
A問題	教科書記載の練習問題レベルの問題 （　）内に対応する教科書の練習番号を記載
B問題	応用力を付けるための問題 教科書に載せていない内容には例題を掲載
発展問題	発展学習的な問題
章の問題	章全体の総合的問題

*印	時間的余裕がない場合，*印の問題だけを解いていけば一通り学習できるよう配慮しています。

目次

1 整式

◆◆◆要点◆◆◆

▶**指数法則** ―― (m, n は正の整数)

$a^m \times a^n = a^{m+n}$, $(a^m)^n = a^{mn}$, $(ab)^n = a^n b^n$

▶**展開公式**

$(a+b)^2 = a^2 + 2ab + b^2$　　$(a-b)^2 = a^2 - 2ab + b^2$

$(a+b)(a-b) = a^2 - b^2$

$(x+a)(x+b) = x^2 + (a+b)x + ab$

$(ax+b)(cx+d) = acx^2 + (ad+bc)x + bd$

$(a+b)^3 = a^3 + 3a^2b + 3ab^2 + b^3$　　$(a-b)^3 = a^3 - 3a^2b + 3ab^2 - b^3$

▶**因数分解の公式**

$a^2 - b^2 = (a+b)(a-b)$

$x^2 + (a+b)x + ab = (x+a)(x+b)$

$acx^2 + (ad+bc)x + bd = (ax+b)(cx+d)$

$a^3 + b^3 = (a+b)(a^2 - ab + b^2)$　　$a^3 - b^3 = (a-b)(a^2 + ab + b^2)$

A

1　$-2a^3x^3y$ について，x，y，x と y に着目したときの次数と係数を答えよ。

(教 p.8 練習 1)

2　次の整式の次数を答えよ。また，〔　〕内の文字について降べきの順に整理したときの次数と各項の係数を答えよ。 (教 p.9 練習 2)

*(1)　$3x^3 + xy^3 - 2x^2y + 4y^2$ 〔x〕

(2)　$-3a^2b + 5b^2 + ab + 2a^2b^3 - 4ab^2$ 〔a〕

3　$A = x^2 + 10x - 8$，$B = 2x^2 - 5$，$C = 7x - 1$ のとき，次の計算をせよ。

(1)　$A + B$　　(2)　$A - C$ (教 p.9 練習 3)

*(3)　$A - (B - C)$　　*(4)　$A - (2B + C)$

4　次の計算をせよ。 (教 p.10 練習 4)

(1)　$a^5 \times a^3$　　(2)　$2xy^3 \times (-3xy)$

*(3)　$(-x)^3 \times (-x^2)$　　(4)　$-ab \times (-a^3b)$

(5)　$4ab^2 \times \left(-\frac{1}{2}ab\right)^2$　　*(6)　$ax^2 \times (-y)^3 \times (-bxy)$

5 次の式を展開せよ。 (教 p.10 練習 5)

(1) $xy(x-y)$ (2) $(-ab)^2(a-b+1)$

*(3) $(2x+y)(x-y+1)$ *(4) $(a^2-2ab+2b^2)(a-3b)$

(5) $(x^2+2x-1)(x^2+x+3)$ *(6) $(4x^3+x-3)(x^2+2)$

(7) $(x-3)(2x^3+4x-1)$ *(8) $(2x^3+x^2-3x-5)(x^2-x+4)$

* **6** 次の式を展開せよ。 (教 p.11 練習 6-8)

(1) $(2x+1)^2$ (2) $(x-6)(x+6)$

(3) $(x-3)(x+4)$ (4) $(3x-2)(4x+5)$

(5) $(2x+5)^3$ (6) $(3x-4)^3$

7 次の式を展開せよ。 (教 p.12-13 練習 9-14)

(1) $(a+b+1)(a+b-1)$ *(2) $(a+2b+1)(a-3b+1)$

*(3) $(x+y-1)^2$ *(4) $(x-5)^2(x+5)^2$

*(5) $(x-1)(x+1)(x^2+1)$ (6) $(2x-3y)(2x+3y)(4x^2+9y^2)$

8 次の式を因数分解せよ。 (教 p.14 練習 15-16)

*(1) $x^3y-x^2y^2-12xy^3$ *(2) $x(a-b)-3(b-a)$

(3) $a^2+12a+36$ *(4) $4x^2+12xy+9y^2$

*(5) x^2-64 (6) $x^2+2x-24$

(7) $x^2-3x-18$ (8) $x^2+8xy+12y^2$

9 次の式を因数分解せよ。 (教 p.16 練習 17)

(1) $3x^2-x-10$ *(2) $10x^2-23x+12$

(3) $12x^2+4xy-y^2$ *(4) $6x^2+xy-15y^2$

(5) $4m^2-5mn-6n^2$ *(6) $4ab^2-14ab+6a$

10 次の式を因数分解せよ。 (教 p.16 練習 18)

(1) a^3-64 *(2) $27a^3+125$ (3) $24x^3-81y^3$

11 次の式を因数分解せよ。 (教 p.17 練習 19-20)

(1) $(a-b)^2-6(a-b)+9$ *(2) $(x+y)^2+5(x+y)-14$

(3) $(x+2)^2-(y-2)^2$ *(4) $(x-2y)^2-(2x-y)^2$

*(5) $ab+ac+b^2+bc$ (6) $a^2b+a^2c+ab^2-b^2c$

12 次の式を因数分解せよ。 (教 p.18 練習 21-22)

(1) $ax^2-(a+1)x+1$ *(2) $abx^2-(a-b)x-1$

(3) $a^2-2a(b+c)-3(b+c)^2$ *(4) $x^2+2x-(y+1)(y-1)$

*(5) $x^2+3xy+2y^2-5x-8y+6$ (6) $2x^2+7x+3xy-2y^2-y+3$

B

13 ある多項式に $2x^2-3xy+y^2$ を加えるところを，誤ってこの式を引いたので，答えが $x^2+xy-5y^2$ となった。正しい答えを求めよ。

14 次の式を展開せよ。

*(1) $(a+b)(a-b)(a^2+ab+b^2)(a^2-ab+b^2)$

(2) $(x+2)(x-3)(x^2-2x+4)(x^2+3x+9)$

*(3) $(2a+b)(a-3b)(2a-b)(a+3b)$

15 次の式を展開せよ。

(1) $(x+1)(x-3)(x^2-3)$ (2) $(x+1)(x-2)(x+3)(x-4)$

(3) $(x+1)(x-2)(x+4)(x-8)$ (4) $(x^2+x+1)(2x^2+2x-3)$

例題 1 $(a+b+c)^2-(a+b-c)^2-(b+c-a)^2+(c+a-b)^2$ を計算せよ。

考え方 項のまとめ方を工夫する。

解 与式 $=\{(a+b)+c\}^2-\{(a+b)-c\}^2-\{c-(a-b)\}^2+\{c+(a-b)\}^2$

$=(a+b)^2+2c(a+b)+c^2-(a+b)^2+2c(a+b)-c^2$

$\quad -c^2+2c(a-b)-(a-b)^2+c^2+2c(a-b)+(a-b)^2$

$=4c(a+b)+4c(a-b)=8ac$

16 次の式を計算せよ。

(1) $(a+b+c)^2-(a+b-c)^2+(a-b+c)^2-(a-b-c)^2$

(2) $(a+b+c)^2-(b+c-a)^2+(c+a-b)^2-(c-b-a)^2$

17 次の式を因数分解せよ。

(1) $bc(b+c)+ca(c-a)-ab(a+b)$

(2) $(a+b)(b+c)(c+a)+abc$

18 次の式を因数分解せよ。

*(1) a^5-16a　　*(2) $81a^4-72a^2b^2+16b^4$

*(3) $x^4-x^2y^2-12y^4$　　(4) $4x^4-37x^2y^2+9y^4$

* **19** 次の式を因数分解せよ。

(1) x^4+64　　(2) $x^4-8x^2y^2+4y^4$

例題 2 次の式を因数分解せよ。

(1) $x^3-9x^2y+27xy^2-27y^3$

(2) x^6-y^6

考え方 (1) $(\boldsymbol{a}-\boldsymbol{b})^3$ の展開公式を利用する。

(2) $\boldsymbol{x}^6=(\boldsymbol{x}^3)^2$ におきかえる。

解 (1) 与式 $=x^3-3x^2\cdot3y+3x\cdot(3y)^2-(3y)^3=(x-3y)^3$

(2) 与式 $=(x^3)^2-(y^3)^2=(x^3+y^3)(x^3-y^3)$

$=(x+y)(x^2-xy+y^2)(x-y)(x^2+xy+y^2)$

20 次の式を因数分解せよ。

*(1) $x^3+6x^2+12x+8$　　(2) $27x^3+27x^2+9x+1$

*(3) x^6-64y^6　　(4) $64x^6-48x^4+12x^2-1$

発展問題

21 次の式を展開せよ。

*(1) $(a-b-c+d)(a+b-c-d)$

(2) $(a^8-a^4+1)(a^4-a^2+1)(a^2-a+1)(a^2+a+1)$

22 次の式を因数分解せよ。

(1) $(xy+1)(x+1)(y+1)+xy$

*(2) $(b-c)^3+(c-a)^3+(a-b)^3$

(3) $a^3+a^2-(b^2+1)a+b^2-1$

2 整式の除法と分数式

◆◆◆要点◆◆◆

▶整式の除法

A を B で割ったときの商を Q，余りを R とすると

$$A = BQ + R \qquad (R \text{の次数}) < (B \text{の次数})$$

▶分数式

・性質

$$\frac{A}{B} = \frac{A \times C}{B \times C}, \quad \frac{A}{B} = \frac{A \div C}{B \div C} \quad (C \neq 0)$$

・四則演算

$$\frac{A}{C} + \frac{B}{C} = \frac{A+B}{C}, \quad \frac{A}{C} - \frac{B}{C} = \frac{A-B}{C}$$

$$\frac{A}{B} \times \frac{C}{D} = \frac{AC}{BD}, \quad \frac{A}{B} \div \frac{C}{D} = \frac{A}{B} \times \frac{D}{C} = \frac{AD}{BC}$$

A

23 次の計算をせよ。 (教 p.20 練習 1)

*(1) $(2x^2 - 3x + 5) \div (x - 1)$ (2) $(3x^2 + 4x - 6) \div (3x + 1)$

*(3) $(4x^3 + x - 1) \div (2x - 1)$ (4) $(4x^3 - 5x^2 - 2x + 3) \div (4x + 3)$

(5) $(3x^3 - 2x^2 + x - 1) \div (x^2 - 2x - 2)$

(6) $(2x^3 + x^2 - 13x - 7) \div (x^2 + 2x + 3)$

24 次の条件を満たす整式 B を求めよ。 (教 p.21 練習 2)

(1) 整式 $x^3 + 4x^2 - 9$ を整式 B で割ると割り切れて商が $x + 3$

(2) 整式 $x^3 + x^2 + 7$ を整式 B で割ると，商が $x^2 - x + 2$ で余りが 3

25 x の整式として，次の計算をせよ。 (教 p.21 練習 3)

*(1) $(x^2 - 2ax - 3a^2) \div (x + a)$

(2) $(x^3 - x^2y + 3y^3) \div (x + y)$

(3) $(x^3 - 6xy^2 + 4y^3) \div (x - 2y)$

*(4) $(x^3 + x^2y + xy^2 - 3y^3) \div (x^2 + 2xy + y^2)$

* **26** 次の整式の最大公約数と最小公倍数を求めよ。 (教 p.22 練習 4-5)

(1) xy^2，x^2yz，xyz^2 (2) $2x^2 + 3x + 1$，$4x^2 - 1$

＊ **27**　次の分数式を約分せよ。　(教 p.23 練習 6)

＊(1) $\dfrac{27x^2y}{-3xy}$　(2) $\dfrac{8a^3b^4}{(-2ab)^2}$

(3) $\dfrac{(-2x^3y)^3}{(x^2y)^2}$　＊(4) $\dfrac{(6a^2b^3)^2}{(-3ab)^3}$

28　次の計算をせよ。　(教 p.24 練習 7)

(1) $\dfrac{x-1}{x+2}\times\dfrac{x^2+2x}{x^2+2x-3}$　(2) $\dfrac{x^2-4}{x^2-3x+2}\times\dfrac{x^2-1}{x^2+3x+2}$

＊(3) $\dfrac{(-2xy)^3}{a^2b^3}\div\dfrac{(xy)^2}{(-ab)^2}$　＊(4) $\dfrac{x^2-3x}{x^2+6x+5}\div\dfrac{x^2-6x+9}{x+5}$

29　次の計算をせよ。　(教 p.24 練習 8)

(1) $\dfrac{2a}{a+b}+\dfrac{2b}{a+b}$　＊(2) $\dfrac{x^2}{x-2}-\dfrac{4}{x-2}$

＊(3) $\dfrac{3}{x-1}-\dfrac{x-4}{1-x}$　(4) $\dfrac{b^2}{2a-b}+\dfrac{4a^2}{b-2a}$

30　次の計算をせよ。　(教 p.25 練習 9-10)

＊(1) $\dfrac{x}{x+3}+\dfrac{2}{x-1}$　(2) $\dfrac{a-2b}{ab-b^2}-\dfrac{b}{ab-a^2}$

(3) $\dfrac{a}{a+2b}+\dfrac{2ab}{a^2-4b^2}$　＊(4) $\dfrac{x-1}{x^2+4x+3}-\dfrac{x+2}{x^2+x-6}$

31　次の計算をせよ。　(教 p.26 練習 11)

(1) $\dfrac{1}{1-\dfrac{x}{x+1}}$　(2) $\dfrac{1-\dfrac{1}{x}}{x-\dfrac{1}{x}}$　(3) $\dfrac{\dfrac{1}{x}-\dfrac{1}{x+2}}{\dfrac{1}{x}+\dfrac{1}{x+2}}$

32　次の分数式 $\dfrac{A}{B}$ について，A を B で割った商 Q と余り R を用いて，$Q+\dfrac{R}{B}$ の形で表せ。　(教 p.27 練習 12)

(1) $\dfrac{x+4}{x+1}$　＊(2) $\dfrac{x^2-5x+7}{x-3}$　(3) $\dfrac{x^3+4x^2+x+6}{x^2+2}$

＊ **33**　ある整式 P を $x-1$ で割ると，商が Q で余りが 1 であり，この商 Q を x^2+1 で割ると，商が $x+1$ で余りが $x-2$ である。整式 P を求めよ。

(教 p.21 練習 2)

B

＊ **34** ある整式Pを $2x^2-3$ で割ると $5x+9$ 余り，さらにその商を $3x^2+4x+1$ で割ると $3x+7$ 余る。数式Pを $3x^2+4x+1$ で割ったときの余りを求めよ。

＊ **35** 次の計算をせよ。

(1) $\dfrac{x^2+x-2}{x^2+7x+12} \div \dfrac{x^2-2x+1}{x^2-x-12} \times \dfrac{x^2+3x-4}{x^2-6x+8}$

(2) $\dfrac{a}{(c-a)(a-b)} + \dfrac{b}{(a-b)(b-c)} + \dfrac{c}{(b-c)(c-a)}$

(3) $\left(\dfrac{a+b}{a-b} + \dfrac{a-b}{a+b}\right) \div \left(\dfrac{b}{a} + \dfrac{a}{b}\right)$

例題 3 次の計算をせよ。

$$\frac{1}{x(x+1)} + \frac{1}{(x+1)(x+2)} + \frac{1}{(x+2)(x+3)}$$

考え方 $\dfrac{a-b}{(x-a)(x-b)} = \dfrac{1}{x-a} - \dfrac{1}{x-b}$ と分解する。この変形を「部分分数に分解する」という。

解 与式 $= \left(\dfrac{1}{x} - \dfrac{1}{x+1}\right) + \left(\dfrac{1}{x+1} - \dfrac{1}{x+2}\right) + \left(\dfrac{1}{x+2} - \dfrac{1}{x+3}\right)$

$= \dfrac{1}{x} - \dfrac{1}{x+3} = \dfrac{3}{x(x+3)}$

36 次の計算をせよ。

＊(1) $\dfrac{1}{x(x-1)} + \dfrac{1}{(x-1)(x-2)} + \dfrac{1}{(x-2)(x-3)} + \dfrac{1}{(x-3)(x-4)}$

(2) $\dfrac{1}{a(a+3)} + \dfrac{1}{(a+3)(a+6)} + \dfrac{1}{(a+6)(a+9)} + \dfrac{1}{(a+9)(a+12)}$

発展問題

37 次の計算をせよ。

(1) $\dfrac{1}{x+1} + \dfrac{1}{x+3} - \dfrac{1}{x+5} - \dfrac{1}{x+7}$

＊(2) $\dfrac{x+1}{x} - \dfrac{x+7}{x+2} + \dfrac{x+8}{x+3} - \dfrac{x+6}{x+5}$

▶組立除法

整式 $P(x)$ を1次式 $x-\alpha$ で割る場合に商と余りを簡単に計算する**組立除法**とよばれる計算方法がある。ここでは，$P(x)$ が3次式の場合について解説する。

$P(x)=ax^3+bx^2+cx+d$ を1次式 $x-\alpha$ で割ったときの商を px^2+qx+r，余りを R とすると

$$ax^3+bx^2+cx+d=(x-\alpha)(px^2+qx+r)+R$$

が成り立つ。右辺を展開し，x の項でまとめると

$$\begin{aligned}ax^3+bx^2+cx+d &= px^3+qx^2+rx-\alpha px^2-\alpha qx-\alpha r+R\\ &= px^3+(q-\alpha p)x^2+(r-\alpha q)x+R-\alpha r\end{aligned}$$

各項の係数を比較すると

$$p=a,\ q-\alpha p=b,\ r-\alpha q=c,\ R-\alpha r=d$$

である。したがって

$$p=a,\ q=b+\alpha p,\ r=c+\alpha q,\ R=d+\alpha r$$

という関係が成り立つ。

下の表のような形式で順に p，q，r，R を a，b，c，d，α から求めることができる。

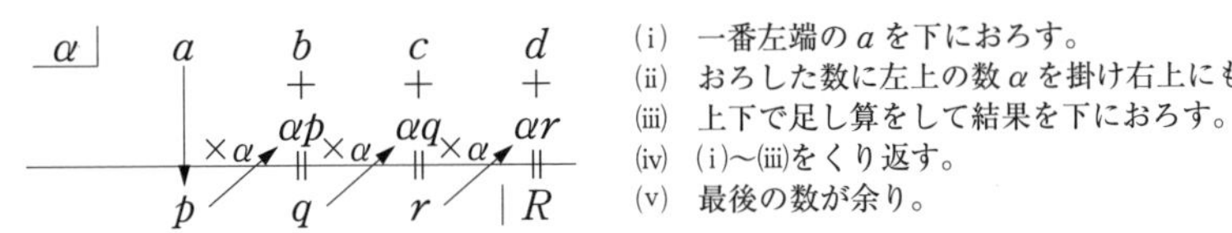

(i) 一番左端の a を下におろす。
(ii) おろした数に左上の数 α を掛け右上にもってくる。
(iii) 上下で足し算をして結果を下におろす。
(iv) (i)〜(iii)をくり返す。
(v) 最後の数が余り。

$(2x^3-8x^2+7x+4)\div(x-3)$ を組立除法で求めよ。

$$\begin{array}{r|rrrr} 3 & 2 & -8 & 7 & 4\\ & & 6 & -6 & 3\\ \hline & 2 & -2 & 1 & 7\end{array}$$

したがって，商は $2x^2-2x+1$，余りは7である。

38　組立除法を用いて次の計算をせよ。

(1)　$(2x^2-3x+5)\div(x-1)$　　(2)　$(3x^3-2x^2-8x+7)\div(x+2)$

3 数

◆◆◆要点◆◆◆

▶実数の分類

- 実数
  - 有理数
    - 整数
      - 正の整数（自然数）
      - 0
      - 負の整数
    - 整数でない有理数
      - 有限小数
      - 循環小数
  - 無理数（循環しない無限小数）
- 虚数

▶絶対値

$$|a| = \begin{cases} a & (a \geqq 0) \\ -a & (a < 0) \end{cases}$$

▶平方根

・性質

$a \geqq 0$ のとき $(\sqrt{a})^2 = a$，$(-\sqrt{a})^2 = a$，$\sqrt{a} \geqq 0$

$a \geqq 0$ のとき $\sqrt{a^2} = a$，$a < 0$ のとき $\sqrt{a^2} = -a$，すなわち $\sqrt{a^2} = |a|$

・根号の計算($a > 0$，$b > 0$，$k > 0$)

$$\sqrt{a}\sqrt{b} = \sqrt{ab}, \quad \frac{\sqrt{a}}{\sqrt{b}} = \sqrt{\frac{a}{b}}, \quad \sqrt{k^2 a} = k\sqrt{a}$$

・分母の有理化($a > 0$，$b > 0$，$a \neq b$)

$$\frac{A}{\sqrt{a}} = \frac{A\sqrt{a}}{a}, \quad \frac{A}{\sqrt{a}+\sqrt{b}} = \frac{A(\sqrt{a}-\sqrt{b})}{a-b}, \quad \frac{A}{\sqrt{a}-\sqrt{b}} = \frac{A(\sqrt{a}+\sqrt{b})}{a-b}$$

▶複素数（a，b，c，d は実数）

2乗して -1 になる数を虚数単位といい i で表す。($i^2 = -1$)

・複素数 $a + bi$（$b = 0$ のとき実数，$b \neq 0$ のとき虚数）

・複素数の相等

$$a + bi = c + di \iff a = c,\ b = d$$

・四則演算

i を文字として考えて計算し，i^2 は -1 に置き換える。

・負の数の平方根

$k > 0$ のとき，$-k$ の平方根は $\pm\sqrt{-k} = \pm\sqrt{k}\,i$

・複素数平面

$\alpha = a + bi$ のとき

$\overline{\alpha} = a - bi$　（α と $\overline{\alpha}$ は共役な複素数）

$|\alpha| = \sqrt{a^2 + b^2}$

$|\alpha|^2 = \alpha\overline{\alpha}$

$|-\alpha| = |\alpha|$，$|\alpha\beta| = |\alpha||\beta|$，

$\left|\dfrac{\alpha}{\beta}\right| = \dfrac{|\alpha|}{|\beta|}$

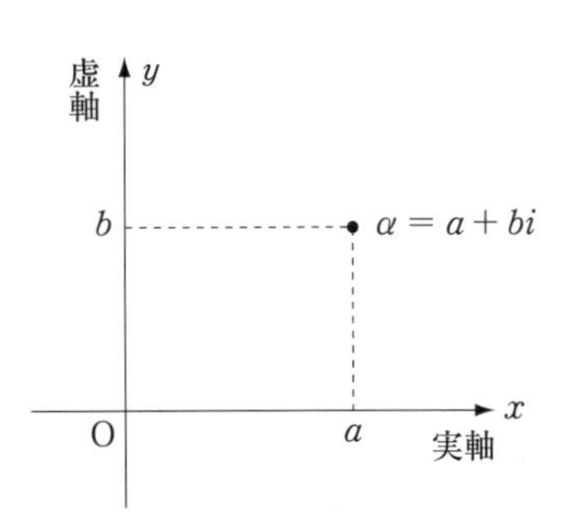

A

39　次の分数を小数で表せ。　（教 p.28 練習 1）

(1) $\dfrac{1}{8}$　(2) $\dfrac{3}{8}$　(3) $\dfrac{10}{7}$　(4) $-\dfrac{5}{11}$

40　次の値を求めよ。　（教 p.30 練習 2）

(1) $|-7|$　*(2) $|2-\sqrt{5}|$　(3) $|3-\pi|$　*(4) $|2-\sqrt{3}|+|1-\sqrt{3}|$

41　$x = -4, -2, 0, 5$ のそれぞれについて，次の式の値を求めよ。　（教 p.30 練習 3）

(1) $|x+2|$　(2) $|5-x|$　*(3) $|x+3|+|x-2|$

42　次の数直線上の 2 点 $\mathrm{A}(a)$，$\mathrm{B}(b)$ の距離 AB を求めよ。　（教 p.30 練習 4）

(1) $\mathrm{A}(2)$，$\mathrm{B}(-5)$　(2) $\mathrm{A}(-3)$，$\mathrm{B}(-1)$

43　次の値を求めよ。　（教 p.31-32 練習 5-6）

(1) $\sqrt{16}$　*(2) $\sqrt{121}$　(3) $\sqrt{0.0016}$　(4) $\sqrt{\dfrac{27}{16}}$

*(5) $(-\sqrt{7})^2$　(6) $\sqrt{(-8)^2}$　(7) $-\sqrt{(-3)^2}$　*(8) $\sqrt{(-18)(-2)}$

(9) $\sqrt{8}\sqrt{27}$　*(10) $\sqrt{12}\sqrt{18}$　(11) $\dfrac{\sqrt{24}}{\sqrt{6}}$　*(12) $\dfrac{\sqrt{75}}{\sqrt{3}}$

44　次の式を計算せよ。　（教 p.32 練習 7）

(1) $\sqrt{20}-\sqrt{45}$　*(2) $\sqrt{28}+\sqrt{\dfrac{7}{4}}$

(3) $\sqrt{12}-4\sqrt{27}+3\sqrt{75}$　(4) $\sqrt{12}+\sqrt{27}-\sqrt{48}+\sqrt{75}-\sqrt{108}$

*(5) $(\sqrt{3}-\sqrt{6})^2$　*(6) $(2\sqrt{5}-\sqrt{2})(2\sqrt{5}+\sqrt{2})$

*(7) $\sqrt{7}(\sqrt{56}+\sqrt{21}-\sqrt{126})$　(8) $(2\sqrt{5}+3\sqrt{2})(3\sqrt{5}-2\sqrt{2})$

45 次の式の分母を有理化せよ。 (教 p.33 練習 8)

(1) $\dfrac{8}{3\sqrt{2}}$　(2) $\dfrac{\sqrt{3}-\sqrt{2}}{\sqrt{3}}$　*(3) $\dfrac{1+\sqrt{7}}{2+\sqrt{7}}$

(4) $\dfrac{2\sqrt{3}-3}{2\sqrt{3}+3}$　*(5) $\dfrac{5+2\sqrt{3}}{4-\sqrt{3}}$　*(6) $\dfrac{1}{(\sqrt{2}-\sqrt{3})^2}$

* **46** $x=\sqrt{5}-\sqrt{2}$，$y=\sqrt{5}+\sqrt{2}$ のとき，次の値を求めよ。 (教 p.33 練習 9)

(1) $x+y$　(2) xy　(3) $(x-2)(y-2)$

(4) x^2+y^2　(5) x^3+y^3　(6) x^3y+xy^3

* **47** 次の複素数の実部・虚部を答えよ。 (教 p.34 練習 10)

(1) $2+3i$　(2) $-i$　(3) 3

48 次の等式を満たす実数 x，y の値を求めよ。 (教 p.35 練習 11)

*(1) $(x-3)+(2y+4)i=0$　(2) $(x+2y)-xi=3+i$

*(3) $(2+3i)x-(3-2i)y=-4+7i$　(4) $(x-2i)(2-i)=4+yi$

49 次の計算をせよ。 (教 p.35 練習 12)

*(1) $(-3-7i)+(-5+i)$　*(2) $(2-5i)-(1+i)$

(3) $(1+2i)(2-3i)$　*(4) $(1+i)^2$

*(5) $(3+5i)(3-5i)$　(6) $(i-3)(2+i)$

50 次の複素数について共役な複素数をいえ。また，共役な複素数との和と積を求めよ。 (教 p.36 練習 13)

(1) $6+2i$　(2) $-3-i$　(3) 4　(4) $\sqrt{3}\,i$

51 次の計算をせよ。 (教 p.36 練習 14)

(1) $\dfrac{3+i}{3-i}$　(2) $\dfrac{2-\sqrt{3}\,i}{2+\sqrt{3}\,i}$

(3) $\dfrac{2+\sqrt{6}\,i}{-3+\sqrt{6}\,i}$　(4) $\dfrac{1}{1+\sqrt{2}\,i}+\dfrac{1}{1-\sqrt{2}\,i}$

*(5) $\dfrac{1-i}{5i}-\dfrac{i}{2-i}$　(6) $\dfrac{1+3i}{1-2i}+\dfrac{1-2i}{1+3i}$

52 次の計算をせよ。 (教 p.37 練習 15)

(1) $\sqrt{-8}+\sqrt{-18}$　*(2) $\sqrt{-9}\sqrt{-27}$　*(3) $(\sqrt{-6}-\sqrt{-24})\times\sqrt{-9}$

(4) $\dfrac{\sqrt{-125}}{\sqrt{-5}}$　(5) $\dfrac{\sqrt{-72}}{\sqrt{12}}$　(6) $\dfrac{\sqrt{10}}{\sqrt{-20}}$

53 次の複素数を複素数平面上に表せ。 (教 p.38 練習 16)

(1) $2-3i$　(2) $\overline{2-3i}$　(3) $-i$

54 次の複素数の絶対値を求めよ。 (教 p.39-40 練習 17-18)

(1) $1+i$　(2) $\sqrt{3}+i$　(3) $-2i$

(4) $(1+i)(2+i)$　(5) $\dfrac{1}{1-\sqrt{3}i}$　(6) $\dfrac{4-3i}{2+i}$

B

＊**55** $0 \leqq x \leqq 2$ のとき，次の式の根号をはずして，x の 1 次式として表せ。

(1) $\sqrt{x^2-6x+9}$　(2) $\sqrt{x^2}+\sqrt{(2x-5)^2}$

＊**56** $x=a^2-2a$ $(-1<a<1)$ のとき，

$$P=\sqrt{x+1}+\sqrt{x+4a+1}$$

を簡単にせよ。

57 $x+\dfrac{1}{x}=3$ のとき，次の式の値を求めよ。

(1) $x^2+\dfrac{1}{x^2}$　(2) $x^3+\dfrac{1}{x^3}$　(3) $x-\dfrac{1}{x}$

例題 5 $\dfrac{\sqrt{3}+1}{\sqrt{3}-1}$ の整数部分を a，小数部分を b とする。次の値を求めよ。

(1) a　(2) b　(3) a^2+3ab

考え方 まず，分母を有理化して，整数部分を求める。小数部分は次の関係式から求める。x の小数部分 $=x-$(x の整数部分)

解 $\dfrac{\sqrt{3}+1}{\sqrt{3}-1}=\dfrac{(\sqrt{3}+1)(\sqrt{3}+1)}{(\sqrt{3}-1)(\sqrt{3}+1)}=\dfrac{4+2\sqrt{3}}{2}=2+\sqrt{3}$

(1) $1<\sqrt{3}<2$ であるから $3<2+\sqrt{3}<4$

よって，$a=3$

(2) $b=2+\sqrt{3}-3=\sqrt{3}-1$

(3) $a^2+3ab=a(a+3b)=3(3+3\sqrt{3}-3)=9\sqrt{3}$

58 $\dfrac{\sqrt{2}+1}{\sqrt{2}-1}$ の整数部分を a，小数部分を b とする。次の値を求めよ。

(1) a　(2) b　(3) $ab+b^2-b$

＊ 59 次の計算をせよ。

(1) $i^3+i^{25}+i^{50}+i^{100}$　　(2) $(2-i)^3+(2+i)^3$

(3) $\left(\dfrac{1}{i}+i\right)\left(\dfrac{1}{i}-i\right)$　　(4) $\left(\dfrac{2+i}{1+i}\right)^2+\dfrac{2+i}{1-i}$

例題 6 複素数 $\dfrac{1+ai}{3-i}$ が純虚数になるとき，実数になるときの実数 a の値をそれぞれ求めよ。また，そのときの純虚数，実数を求めよ。

考え方 **複素数 $a+bi$ が純虚数のとき $a=0$, $b\neq 0$，実数のとき $b=0$**

解 $\dfrac{1+ai}{3-i}=\dfrac{(1+ai)(3+i)}{(3-i)(3+i)}=\dfrac{3+3ai+i+ai^2}{9-i^2}=\dfrac{(3-a)+(3a+1)i}{10}$

これが純虚数になるのは　$3-a=0$ かつ $3a+1\neq 0$

よって，$a=3$ のときで，純虚数は $\dfrac{10i}{10}=i$

また，実数になるのは　$3a+1=0$

よって $a=-\dfrac{1}{3}$ のときで，実数は $\dfrac{3-\left(-\dfrac{1}{3}\right)}{10}=\dfrac{1}{3}$

＊ 60 **複素数 $\dfrac{a-i}{2+i}+\dfrac{1+ai}{2-i}$ が純虚数になるとき，実数になるときの実数 a の値をそれぞれ求めよ。また，そのときの純虚数，実数を求めよ。**

例題 7 2乗して $8i$ となる複素数 α を求めよ。

考え方 **$a+bi$ とおいて，複素数の相等で解く。**

解 $\alpha=a+bi$ (a, b 実数) とおくと，

$\alpha^2=(a+bi)^2=a^2-b^2+2abi=8i$

a^2-b^2, $2ab$ は実数であるから

$a^2-b^2=0$ ……①，$2ab=8$ ……②

①より $(a+b)(a-b)=0$

$a+b=0$ のとき②は $a^2=-4$ となり不適

$a-b=0$ のとき②は $a^2=4$ より $a=\pm 2$　このとき $b=\pm 2$

よって $\alpha=2+2i$ または $-2-2i$

＊ 61 **2乗して $4-3i$ になる複素数 α を求めよ。**

1章の問題

1 次の式を展開せよ。

(1) $(a-b)(a+b)(a^2+b^2)(a^4+b^4)$

(2) $(1+x-x^2-x^3)(1-x-x^2+x^3)$

(3) $(x^2+xy+y^2)(x^2-xy+y^2)(x^4-x^2y^2+y^4)$

(4) $(x-b)(x-c)(b-c)+(x-c)(x-a)(c-a)+(x-a)(x-b)(a-b)$

2 $(x^5-3x^3-2x+7)(x^3+2x^2+5x-6)$ を展開したとき，x^5 の係数，x^3 の係数を求めよ。

3 次の因数分解をせよ。

(1) $(x+1)(x+2)(x+3)(x+4)-24$

(2) $bc(b+c)+ca(c+a)+ab(a+b)+2abc$

(3) $(a+b+c)^3-a^3-b^3-c^3$

4 次の式を簡単にせよ。

(1) $\dfrac{1}{\sqrt{2}+\sqrt{3}-\sqrt{5}}+\dfrac{1}{\sqrt{2}+\sqrt{3}+\sqrt{5}}$

(2) $(4+\sqrt{2}+\sqrt{3})(4-\sqrt{2}+\sqrt{3})(4+\sqrt{2}-\sqrt{3})(4-\sqrt{2}-\sqrt{3})$

5 $x=\dfrac{4a}{1+a^2}$ $(a>0)$ のとき，$\dfrac{\sqrt{2+x}+\sqrt{2-x}}{\sqrt{2+x}-\sqrt{2-x}}$ の値を求めよ。

6 $x=2+\sqrt{3}$ のとき，次の値を求めよ。

(1) x^2-4x+1　　(2) $x^4-4x^3+2x^2-6x+5$

7 $x+y=4$，$x^2+y^2=20$ $(x>y)$ のとき，次の値を求めよ。

(1) xy　　(2) $x-y$　　(3) x^3-y^3

8 次の各問いに答えよ。

(1) α，β を互いに共役な複素数とする。このとき，$\alpha+\beta$，$\alpha\beta$ はいずれも実数となることを示せ。

(2) α，β を虚数とする。$\alpha+\beta$，$\alpha\beta$ がいずれも実数であるとき，α，β は互いに共役な複素数であることを示せ。

1 | 2次方程式

◆◆◆要点◆◆◆

▶ 2次方程式の解の公式

・$ax^2+bx+c=0$ の解は　$x=\dfrac{-b\pm\sqrt{b^2-4ac}}{2a}$

・$ax^2+2b'x+c=0$ の解は $x=\dfrac{-b'\pm\sqrt{b'^2-ac}}{a}$

・判別式 $D=b^2-4ac$

$D>0 \Longleftrightarrow$ 異なる2つの実数解

$D=0 \Longleftrightarrow$ 重解

$D<0 \Longleftrightarrow$ 異なる2つの虚数解

▶ 2次方程式の解と係数の関係

・2方程式 $ax^2+bx+c=0$ の2つの解を α, β とすると

解と係数の関係　$\alpha+\beta=-\dfrac{b}{a}$,　$\alpha\beta=\dfrac{c}{a}$

因数分解　$ax^2+bx+c=a(x-\alpha)(x-\beta)$

62　次の2次方程式を解け。　(教 p.44 練習1)

(1) $x^2=9$　(2) $2x^2+10=0$　(3) $(x-3)^2=2$

63　次の2次方程式を解け。　(教 p.44 練習2)

*(1) $2x^2+3x=0$　(2) $x^2+7x+10=0$

(3) $9x^2-25=0$　*(4) $4x^2-20x+25=0$

*(5) $3x^2-13x-10=0$　(6) $-18x^2+7x+8=0$

64　次の2次方程式を解け。　(教 p.46 練習3)

*(1) $x^2-x-1=0$　*(2) $x^2-3x+4=0$

(3) $x^2-2\sqrt{3}x+3=0$　(4) $3x^2+4x-2=0$

(5) $-\dfrac{1}{3}x^2+\dfrac{1}{2}x+\dfrac{1}{4}=0$　*(6) $2x^2+(x-3)^2=4x$

65　次の2次方程式の解を判別せよ。ただし，a は実数とする。　(教 p.47 練習4)

(1) $x^2-2x+5=0$　(2) $(x+1)(x+2)=x(7-x)$

*(3) $x^2+x+a^2+1=0$　*(4) $x^2-(2a-3)x+a(a-3)=0$

* **66** 次の2次方程式が重解をもつように，定数 k の値を求めよ。また，そのときの重解を求めよ。 (教 p.47 練習5)

(1) $x^2+2x+k-1=0$　(2) $x^2-kx-k+3=0$

* **67** 次の2次方程式 $2x^2-4x+3=0$ の2つの解を α，β とするとき，次の式の値を求めよ。 (教 p.49 練習7)

(1) $\alpha^2+\beta^2$　(2) $\alpha^3+\beta^3$　(3) $(2-\alpha)(2-\beta)$

(4) $(\alpha-\beta)^2$　(5) $\dfrac{\alpha^2}{\alpha-1}+\dfrac{\beta^2}{\beta-1}$

* **68** 2次方程式 $x^2-kx+k-1=0$ の2つの解の比が $1:3$ であるとき，定数 k の値と，そのときの2つの解を求めよ。 (教 p.49 練習8)

69 次の2次式を複素数の範囲で因数分解せよ。 (教 p.50 練習9)

(1) x^2+2x+3　(2) $4x^2-12x+10$

(3) $-\dfrac{1}{3}x^2+\dfrac{1}{6}x+\dfrac{1}{4}$　(4) $3x^2-10x+9$

例題 1 2次方程式 $x^2-3x-2=0$ の2つの解を α，β とするとき，$2\alpha-1$，$2\beta-1$ を2つの解とする2次方程式をつくれ。

考え方 2数 p，q を解とする2次方程式は，

$(x-p)(x-q)=x^2-(p+q)x+pq=0$

解 解と係数の関係から $\alpha+\beta=3$，$\alpha\beta=-2$

求める2次方程式の解の和と積は

和：$(2\alpha-1)+(2\beta-1)=2(\alpha+\beta)-2$

$=2\cdot3-2=4$

積：$(2\alpha-1)(2\beta-1)=4\alpha\beta-2(\alpha+\beta)+1$

$=4(-2)-2\cdot3+1=-13$

よって，求める2次方程式は，$x^2-4x-13=0$

70 次の2数を解とする2次方程式をつくれ。ただし，係数は整数とする。

(1) 3，-6　(2) $2+\sqrt{2}$，$2-\sqrt{2}$　*(3) $3-2i$，$3+2i$

71 2次方程式 $x^2-3x+5=0$ の2つの解を α，β とするとき，次の2数を解にもつ2次方程式をつくれ。

*(1) $\alpha-1$，$\beta-1$　(2) 2α，2β　(3) $\alpha+\beta$，$\alpha\beta$

B

＊ **72**　2次方程式 $x^2+mx+n=0$ の解の1つが $1-2i$ であるとき，実数 m，n の値を求めよ。

73　x の2次方程式 $x^2-(a-3)x+1-a^2=0$ が $x=-4$ を解にもつとき，正の定数 a の値を求めよ。また，他の解を求めよ。

74　2次方程式 $x^2-px+24=0$ の2つの解の差が2のとき，定数 p の値と2つの解を求めよ。

＊ **75**　2次方程式 $x^2-6x+k=0$ の1つの解が他の解の2乗であるとき，定数 k の値と2つの解を求めよ。

例題 2　x についての2次方程式 $x^2+2x+k=0$，$x^2+4x+3k=0$ が共通解をもつとき，定数 k の値と共通解を求めよ。

考え方　共通解を α として，方程式に代入し，α と k の連立方程式をつくる。

解　共通解を α とすると

$$\begin{cases} \alpha^2+2\alpha+k=0 & \cdots\cdots① \\ \alpha^2+4\alpha+3k=0 & \cdots\cdots② \end{cases}$$

①×3－② より

$2\alpha^2+2\alpha=0$，　$2\alpha(\alpha+1)=0$

よって　$\alpha=0$，-1

$\alpha=0$ のとき，①に代入して $k=0$

$\alpha=-1$ のとき，①に代入して $k=1$

したがって，$k=0$ のとき，共通解は 0

$k=1$ のとき，共通解は -1

＊ **76**　x についての2次方程式 $x^2+kx+12=0$，$x^2+2x+6k=0$ がただ1つの共通解をもつとき，定数 k の値と共通解を求めよ。

77　縦 1.5 m，横 5 m のテーブルがある。面積がこのテーブルの2倍のテーブルクロスを掛けて，縦も横も同じ長さだけたれ下がるようにしたい。テーブルクロスの縦と横の長さを求めよ。

発展問題

例題 3　2次方程式 $x^2-2x-k+6=0$ が異なる2つの正の解をもつように，定数 k の値の範囲を求めよ。

考え方　$\boldsymbol{ax^2+bx+c=0\ (a \neq 0)}$ **の2つの解を** $\boldsymbol{\alpha,\ \beta}$ **とすると**
$\boldsymbol{\alpha,\ \beta}$ **がともに正のとき，**$\boldsymbol{D>0,\ \alpha+\beta>0,\ \alpha\beta>0}$ **である。**

解　$x^2-2x-k+6=0$ ……①　とする。
①の判別式を D とすると，異なる実数解をもつから
$D=(-2)^2-4(-k+6)=4k-20>0$
これより　$k>5$ ……②
①の2つの解を α，β とすると，$\alpha>0$，$\beta>0$ だから解と係数の関係から
$\alpha+\beta=2>0$ は条件を満たす。
$\alpha\beta=-k+6>0$ より $k<6$ ……③
②，③の共通範囲を求めて
$5<k<6$

＊78　**2次方程式** $\boldsymbol{x^2-4x+k-3=0}$ **が，次の条件を満たすように，定数** $\boldsymbol{k}$ **の値の範囲を定めよ。**
(1)　異なる2つの正の解をもつ。　(2)　正の解と負の解をもつ。

例題 4　次の2次方程式を解け。ただし，a は定数とする。
$$ax^2+(a-1)x-1=0$$

考え方　$\boldsymbol{x^2}$ **の係数が0になるときとならないときに分けて考える。**

解　$(ax-1)(x+1)=0$ と因数分解できる。
$ax-1=0$ または $x+1=0$ より $x=-1$
$a \neq 0$ のとき $ax=1$ より $x=\dfrac{1}{a}$
$a=0$ のとき $ax-1=0$ は $0\cdot x=1$ となり解をもたない。
よって，$a \neq 0$ のとき，$x=\dfrac{1}{a}$，-1　　$a=0$ のとき $x=-1$

79　**次の方程式の解を求めよ。ただし，**$\boldsymbol{a}$ **は定数とする。**
(1)　$(a-1)x=a^2-1$　　＊(2)　$ax^2+1=x(a+1)$

2　2次関数とグラフ

◆◆◆要点◆◆◆

▶基本変形

$$y = ax^2 + bx + c = a\left(x + \frac{b}{2a}\right)^2 - \frac{b^2 - 4ac}{4a}$$

▶$y = a(x-p)^2 + q$ のグラフ

$y = a(x-p)^2 + q$ のグラフは，
$y = ax^2$ のグラフを
　x 軸方向に p，y 軸方向に q
だけ平行移動したもの。
$a > 0$ のとき，下に凸の放物線
$a < 0$ のとき，上に凸の放物線
軸は直線 $x = p$
頂点は $(p,\ q)$

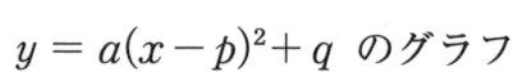
$y = a(x-p)^2 + q$ のグラフ

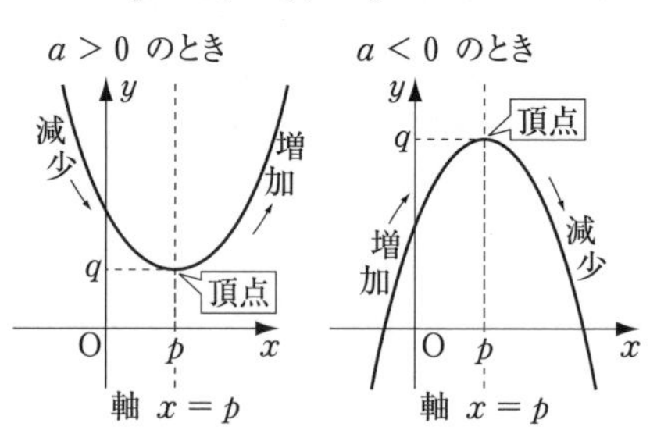

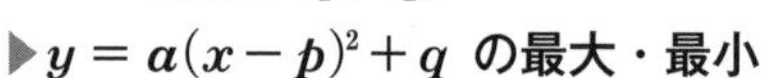

▶$y = a(x-p)^2 + q$ の最大・最小

2次関数 $y = a(x-p)^2 + q$ は
$a > 0$ のとき $x = p$ で最小値 q
　　　　　　　最大値はない。
$a < 0$ のとき $x = p$ で最大値 q
　　　　　　　最小値はない。

A

80　関数 $f(x) = 3x - 2$，$g(x) = 2x^2 - 3x + 3$ について，次の値を求めよ。
(教 p.52 練習 1)

(1) $f(0)$　(2) $f(2)$　(3) $f(-3)$　(4) $f(a)$　(5) $f(a+1)$
(6) $g(0)$　(7) $g(3)$　(8) $g(-1)$　(9) $g(-2a)$　(10) $g(a-1)$

* **81**　次の2次関数のグラフをかけ。また，その放物線は上に凸，下に凸のどちらであるか。
(教 p.54 練習 2)

(1) $y = -2x^2$　(2) $y = 3x^2$　(3) $y = \frac{5}{2}x^2$

82　次の2次関数のグラフをかき，その軸と頂点をいえ。　(教 p.55-56 練習 3-4)

(1) $y = 2x^2 - 1$　*(2) $y = x^2 - 1$
*(3) $y = (x-3)^2$　(4) $y = -(x+1)^2$

83　次の2次関数のグラフをかき，その軸と頂点をいえ。　(教 p.57 練習5)

*(1)　$y=(x-2)^2-3$　　(2)　$y=2(x+1)^2-3$

(3)　$y=-(x-3)^2+4$　　*(4)　$y=-(x+2)^2+4$

84　次の2次関数のグラフをかき，その軸と頂点をいえ。　(教 p.59 練習7)

(1)　$y=x^2+4x+7$　　(2)　$y=-3x^2+6x$

(3)　$y=2x^2+6x+3$　　(4)　$y=3x^2-4x-1$

(5)　$y=2x^2-5x-2$　　(6)　$y=-\frac{1}{3}x^2-2x+1$

* **85**　**2次関数 $y=3x^2-6x+5$ のグラフを，次のように平行移動したとき，そのグラフを表す2次関数を求めよ。**　(教 p.57 練習6)

(1)　x 軸方向に -3，y 軸方向に 2

(2)　x 軸方向に 1，y 軸方向に -5

* **86**　**ある2次関数のグラフを x 軸方向に 2，y 軸方向に -3 平行移動すると，$y=-x^2+2x+3$ のグラフと一致する。もとの2次関数を求めよ。**

(教 p.59 練習8)

* **87**　次の条件を満たす放物線をグラフとする2次関数を求めよ。

(教 p.60-61 練習9-10)

(1)　頂点が $(1,\ -5)$ で点 $(2,\ -3)$ を通る。

(2)　頂点が放物線 $y=x^2-2x+3$ の頂点と一致して点 $(3,\ 0)$ を通る。

(3)　軸が直線 $x=-2$ で，2点 $(-1,\ 0)$，$(0,\ 3)$ を通る。

(4)　2点 $(-3,\ 0)$，$(1,\ 0)$ を通り，最大値が8である。

(5)　3点 $(1,\ 0)$，$(2,\ -3)$，$(0,\ -1)$ を通る。

88　次の2次関数の最大値・最小値と，そのときの x の値を求めよ。

(教 p.63 練習11-13)

*(1)　$y=-x^2+2x-3$

*(2)　$y=2x^2-10x+8$

(3)　$y=-\frac{1}{2}x^2+4x-7$

*(4)　$y=x^2-2x-2$　$(-1\leqq x\leqq 2)$

*(5)　$y=-2x^2+x+1$　$(-2\leqq x\leqq 1)$

(6)　$y=\frac{1}{4}x^2+x+2$　$(-4\leqq x\leqq -3)$

B

89　ある2次関数のグラフを x 軸方向に4，y 軸方向に -5 平行移動したところ，点 $(0,\ 3)$ を通った。さらに，このグラフを x 軸に関して対称に移動した放物線の頂点の座標は $(2,\ 3)$ であった。この2次関数を求めよ。

90　次の条件を満たす放物線をグラフとする2次関数を求めよ。

*(1)　3点 $(-2,\ 4)$，$(-1,\ 5)$，$(1,\ 1)$ を通る。

(2)　軸が直線 $x=3$ で2点 $(1,\ 2)$，$(-1,\ -4)$ を通る。

*(3)　2点 $(3,\ -1)$，$(6,\ -4)$ を通り，x 軸に接している。

* **91**　2次関数 $y=ax^2+bx+a^2$ は，$x=1$ で最小値をとり，$x=3$ のとき $y=10$ である。このとき，定数 a，b の値と最小値を求めよ。

92　2次関数 $y=ax^2+4ax+b$ $(-3 \leqq x \leqq 1)$ の最大値が5，最小値が -13 であるとき，定数 a，b の値を求めよ。

例題 5　$x+2y=1$ $(x \geqq 0,\ y \geqq 0)$ のとき，xy の最大値，最小値を求めよ。

考え方　条件から x を消去し，2次関数 $f(y)$ で考える。

解　条件より $x=1-2y$ これを xy に代入すると

$xy=(1-2y)y=-2y^2+y$

ここで $x \geqq 0$，$y \geqq 0$ だから

$x=1-2y \geqq 0$　つまり $0 \leqq y \leqq \dfrac{1}{2}$

$f(y)=-2y^2+y$ とすると

$f(y)=-2\left(y-\dfrac{1}{4}\right)^2+\dfrac{1}{8}$

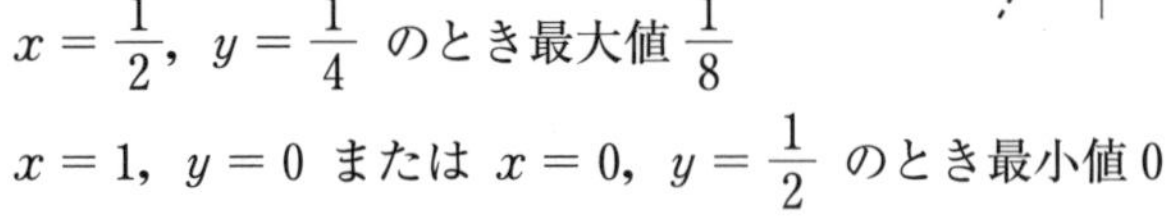

$x=\dfrac{1}{2}$，$y=\dfrac{1}{4}$ のとき最大値 $\dfrac{1}{8}$

$x=1$，$y=0$ または $x=0$，$y=\dfrac{1}{2}$ のとき最小値0

93　次の最大値，最小値，およびそのときの x，y の値を求めよ。

*(1)　$x+y=3$ のとき x^2+y^2

(2)　$x^2+y=1$ のとき $x+y$

*(3)　$2x+y=2$ $(x \geqq 0,\ y \geqq 0)$ のとき x^2+y^2

発展問題

例題 6　2 次関数 $y=x^2-2x$ $(0 \leqq x \leqq a)$ の最小値を求めよ。ただし，$a>0$ の定数とする。

考え方　定数 $\boldsymbol{a}$ の値によって，$\boldsymbol{x}$ の変域が変化するので場合分けが必要となる。グラフの頂点が変域に含まれるか，含まれないかで分ける。

解　$y=(x-1)^2-1$ と変形できる。

(i)　$0<a<1$ のとき（頂点を含まない。）
グラフは右の図のようになるから
$x=a$ のとき，最小値 a^2-2a をとる。

(i)　$0<a<1$

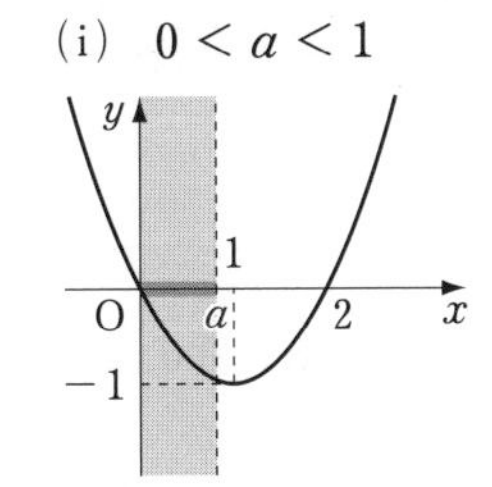

(ii)　$1 \leqq a$ のとき（頂点を含む。）
グラフは右の図のようになるから
$x=1$ のとき，最小値 -1 をとる。

(ii)　$1 \leqq a$

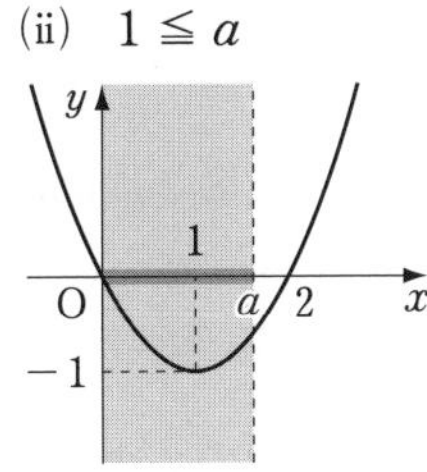

よって，

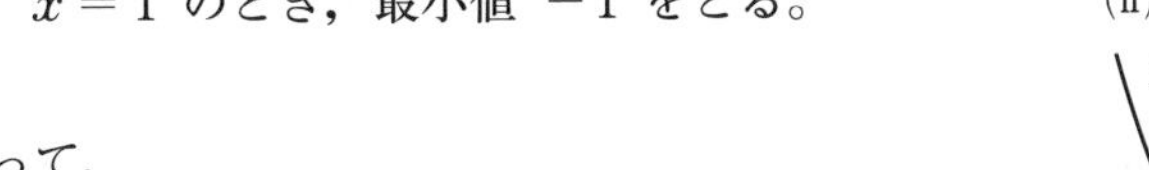

最小値 $\begin{cases} 0<a<1 \text{ のとき } x=a \text{ で } a^2-2a \\ 1 \leqq a \text{ のとき } x=1 \text{ で } -1 \end{cases}$

＊94　2 次関数 $\boldsymbol{y=-x^2+4x-1}$ $(\boldsymbol{0 \leqq x \leqq a})$ の最大値を求めよ。ただし，$\boldsymbol{a>0}$ の定数とする。

＊95　2 次関数 $\boldsymbol{y=x^2-2ax+a^2+2}$ $(\boldsymbol{0 \leqq x \leqq 2})$ について，次の問いに答えよ。

(1)　最小値を求めよ。　　(2)　最大値を求めよ。

96　2 次関数 $\boldsymbol{f(x)=x^2-4x+1}$ $(\boldsymbol{t \leqq x \leqq t+1})$ の最小値を $\boldsymbol{m(t)}$ とする。

(1)　$m(t)$ の式を求めよ。　　(2)　$y=m(t)$ のグラフをかけ。

97　$\boldsymbol{x}$，$\boldsymbol{y}$ を実数とするとき，次の式の最小値と，そのときの $\boldsymbol{x}$，$\boldsymbol{y}$ の値を求めよ。

$$x^2-2xy+4x+2y^2-6y+7$$

3 | 2次関数のグラフと2次方程式・2次不等式

◆◆◆要点◆◆◆

▶2次関数のグラフと x 軸の位置関係

$D>0 \Longleftrightarrow$ 異なる2点で交わる

$D=0 \Longleftrightarrow$ 1点で接する

$D<0 \Longleftrightarrow$ 共有点をもたない

▶不等式の性質

$a<b$ ならば $a+c<b+c$，$a-c<b-c$

$a<b$，$c>0$ ならば $ac<bc$，$\dfrac{a}{c}<\dfrac{b}{c}$

$a<b$，$c<0$ ならば $ac>bc$，$\dfrac{a}{c}>\dfrac{b}{c}$

▶2次不等式の解 —— $\alpha<\beta$ のとき

$(x-\alpha)(x-\beta)>0$ の解は $x<\alpha$，$\beta<x$

$(x-\alpha)(x-\beta)<0$ の解は $\alpha<x<\beta$

A

98 次の2次関数のグラフと x 軸の共有点の x 座標を求めよ。 (教 p.66 練習1)

*(1) $y=x^2-4x+1$　　*(2) $y=-3x^2+2x+1$

(3) $y=9x^2-6x+1$　　(4) $y=-2x^2+5x-4$

* **99** 次の2次関数のグラフと x 軸との共有点の個数は，k の値によってどのように変わるか調べよ。 (教 p.67 練習3)

(1) $y=2x^2-4x+(k-2)$　　(2) $y=-x^2+2(k+3)x-k^2$

100 次の不等式を解け。 (教 p.70 練習4)

(1) $6x-7 \geqq 2x+5$　　(2) $1-5x<7-3x$

*(3) $8x-5>4x+3$　　*(4) $3x+8 \leqq 5x+6$

*(5) $5(x+1)-6<3(x+2)$　　(6) $4(x-2)-(x+1)>3$

(7) $\dfrac{x+2}{4} \leqq \dfrac{2x-3}{2}$　　(8) $\dfrac{x}{3}-\dfrac{1}{6}>\dfrac{1}{2}+\dfrac{2}{3}x$

*(9) $\dfrac{3}{2}x-\dfrac{5}{6}>x+\dfrac{2}{3}$　　*(10) $\dfrac{x-6}{5}>\dfrac{x+3}{2}-2$

*(11) $x-0.2<0.3x+1.2$　　(12) $0.7x-2<0.98x+3.6$

＊101　次の2次不等式を解け。　(教 p.72 練習5)

(1)　$x^2-2x-8<0$　(2)　$x^2+3x-18\geqq 0$

(3)　$3x^2\geqq 4x$　(4)　$4x^2-9<0$

(5)　$5x^2-2x-1>0$　(6)　$-2x^2+3x+1\geqq 0$

＊102　次の2次不等式を解け。　(教 p.73 練習6)

(1)　$x^2-6x+9>0$　(2)　$x^2+8x+16<0$

(3)　$x^2-5x+\dfrac{25}{4}\leqq 0$　(4)　$-9x^2+3x-\dfrac{1}{4}\leqq 0$

＊103　次の2次不等式を解け。　(教 p.74 練習7)

(1)　$x^2-4x+6>0$　(2)　$4x^2\leqq 3(4x-3)$

(3)　$-x^2+4x<x^2+2$　(4)　$(x+1)^2\leqq x$

104　次の連立不等式を解け。　(教 p.75 練習8)

＊(1)　$\begin{cases}4x-3<5+2x\\2x-9<5x\end{cases}$　(2)　$\begin{cases}5x+4<2(x-1)\\4(x-1)\geqq 3(3x+5)\end{cases}$

(3)　$\begin{cases}4x+3\geqq 2x-7\\3x+2>6x-4\end{cases}$　＊(4)　$\begin{cases}3x-\dfrac{x}{2}<9-2x\\4x-6<2x-1\end{cases}$

105　次の不等式を解け。　(教 p.75 練習9)

＊(1)　$x-4\leqq 3x\leqq 2x+1$　(2)　$5+3x>2(x+1)\geqq 5x-9$

(3)　$4x-5\leqq 2x+1\leqq 5x+7$　＊(4)　$x-3\leqq 1-2x<3x+4$

＊106　次の連立不等式を解け。　(教 p.76 練習10)

(1)　$\begin{cases}-x\leqq x-1\\x^2-2x<0\end{cases}$　(2)　$\begin{cases}2(x+7)>-x-1\\x^2\geqq 3-2x\end{cases}$

(3)　$\begin{cases}x^2-x-12<0\\x^2+x-2>0\end{cases}$　(4)　$\begin{cases}x^2-6x+8>0\\x^2-4x+3\geqq 0\end{cases}$

107　**2次方程式 $kx^2-3kx+k+5=0$ …①，$x^2-kx+k+3=0$ …②について，①は実数解をもち，②は実数解をもたないように定数 k の値の範囲を定めよ。**　(教 p.76 練習11)

108　次の方程式を解け。　(教 p.77 練習12)

(1)　$|x+1|=5$　(2)　$|x-2|=3$　(3)　$|2x+1|=1$

109 次の不等式を解け。 (教 p.77 練習 13)

(1) $|x+1|<5$ (2) $|x-2| \geqq 3$ (3) $|2x+1|<1$

***110** 次の方程式および不等式を解け。 (教 p.78 練習 14)

(1) $|x-1|=7-x$ (2) $|x|+|x-5|=3x-4$

(3) $|2x-1| \leqq x+1$ (4) $|x+2|+|x+1|>5$

B

例題 7 放物線 $y=x^2+1$ と直線 $y=x+k$ との共有点の個数は，定数 k の値によってどのように変わるか調べよ。

考え方 連立方程式から y を消去し，x の判別式を考える。

解 放物線 $y=x^2+1$ と直線 $y=x+k$ との共有点の座標 $(x,\ y)$ は連立方程式 $\begin{cases} y=x^2+1 \\ y=x+k \end{cases}$ の解である。よって，共有点の個数は

$$x^2+1=x+k$$

すなわち $x^2-x+1-k=0$ の実数解の個数と一致する。

$$D=(-1)^2-4\cdot1\cdot(1-k)=4k-3$$

だから

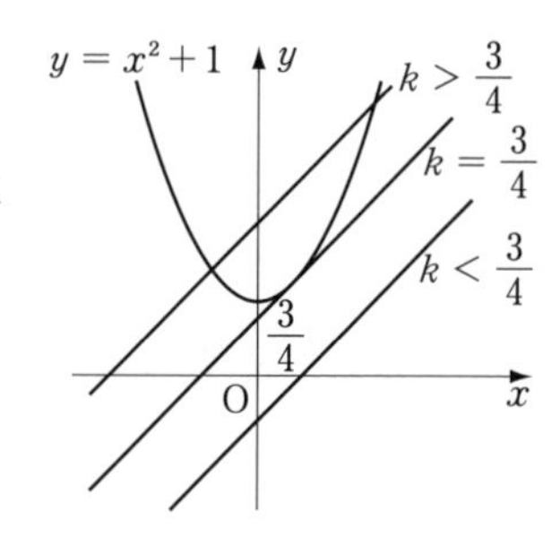

$D>0$ のとき，すなわち $k>\dfrac{3}{4}$ のとき2個

$D=0$ のとき，すなわち $k=\dfrac{3}{4}$ のとき1個

$D<0$ のとき，すなわち $k<\dfrac{3}{4}$ のとき0個

***111** 放物線 $y=1-x^2$ と直線 $y=x+k$ との共有点の個数は，定数 k の値によってどのように変わるか調べよ。

***112** 放物線 $y=x^2+ax+b$ が点 $(1,\ 1)$ を通り，かつ直線 $y=x-1$ に接するように，定数 a，b の値を求めよ。

113 不等式 $x+1>\sqrt{2}x-1$ を解け。また，この不等式を満たす自然数 x をすべて求めよ。

114　x の連立不等式 $\begin{cases} 9x-10<11+6x \\ 4x-3>2x+a \end{cases}$ について次の問いに答えよ。

(1)　$a=5$ のとき，連立方程式を満たす自然数 x を求めよ。

(2)　連立方程式を満たす自然数 x が3個存在するように，定数 a の値の範囲を求めよ。

115　次の不等式が与えられた解をもつように，定数 a，b，c の値を定めよ。

*(1)　$x^2+bx+c<0$ の解が $1<x<2$

(2)　$ax^2+x+c<0$ の解が $x<-2,\ 3<x$

発展問題

例題 8　2次関数 $y=ax^2-4x+a$ の値が，すべての x の値で正となるように定数 a の値の範囲を求めよ。

考え方　$y=ax^2+bx+c>0\ (a\neq 0)$ がつねに成り立つ $\longrightarrow$ $a>0$ かつ $D<0$

解　$y=ax^2-4x+a$ のグラフが下に凸で，x 軸と交わらなければよいから

$ax^2-4x+a=0$ の判別式を D とすると

$a>0$ ……①

かつ

$D=(-4)^2-4\cdot a\cdot a<0$

$(a+2)(a-2)>0$

ゆえに　$a<-2,\ 2<a$ ……②

①，②より　$a>2$

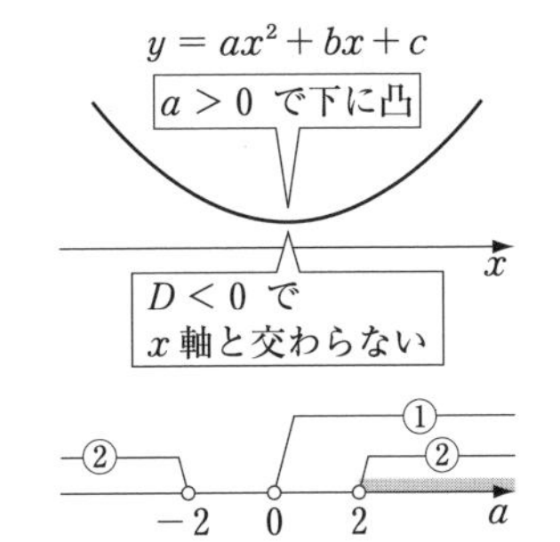

***116**　2次関数 $y=x^2-2ax+3a$ について，次の条件を満たすような，定数 a の値の範囲を求めよ。

(1)　すべての x の値で正となる。

(2)　$-2\leqq x\leqq 2$ の範囲で正となる。

117　2次方程式 $x^2-2mx+3m-2=0$ が0と3の間に異なる2つの解をもつように，定数 m の値の範囲を定めよ。

2章 の問題

1　2次関数 $y=x^2+ax+b$ のグラフが次の条件を満たすように，定数 a, b の値を定めよ。

(1)　点 $(-2,\ 5)$ を通り，頂点が直線 $y=-x+3$ 上にある。

(2)　点 $(1,\ 4)$ を通り，x 軸に接する。

(3)　最小値が -2 で，点 $(3,\ 2)$ を通る。

2　2次関数 $y=ax^2+bx+c$ のグラフは原点を通る。このグラフを y 軸方向に -8 だけ平行移動すると，点 $(4,\ -8)$ を通り，x 軸と接する。このとき，a, b, c を求めよ。

3　2次関数 $y=ax^2+bx+c$ のグラフが右の図のようであるとき，次のそれぞれの符号を調べよ。

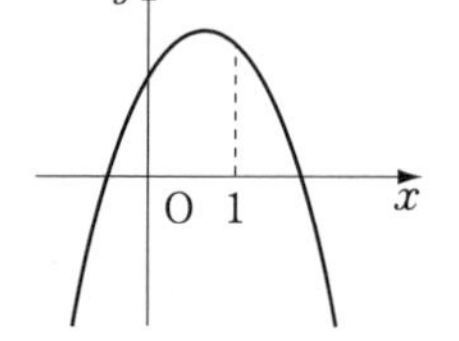

(1)　a　　(2)　b　　(3)　c

(4)　b^2-4ac　　(5)　$a+b+c$

(6)　$-b+\sqrt{b^2-4ac}$

4　2次関数 $y=x^2-4kx+2k^2+6k$ について，次の問いに答えよ。

(1)　最小値を k で表せ。

(2)　(1)で求めた最小値を $g(k)$ として，$g(k)$ の最大値を求めよ。

5　$y=3x^2-2kx+k-1$ のグラフと x 軸との交点を考えることにより，2次方程式 $3x^2-2kx+k-1=0$ が次のような解をもつように，定数 k の値の範囲を定めよ。

(1)　1より大きい解と小さい解をもつ。

(2)　0と1の間と1と2の間に1つずつ解をもつ。

6　2次方程式 $x^2+x+1=0$ の2つの解を α, β とするとき，次の2数を解とする2次方程式を求めよ。

(1)　α^2, β^2　　(2)　$\dfrac{1}{\alpha}$, $\dfrac{1}{\beta}$　　(3)　$\dfrac{1+\alpha}{1+\beta}$, $\dfrac{1+\beta}{1+\alpha}$

7　2次方程式 $x^2-ax+2a+1=0$ が異なる2つの自然数の解をもつように定数 a の値を定めよ。

8 定義域が $0 \leqq x \leqq a$ である2次関数 $y = x^2 - 6x + 5$ について，次の問いに答えよ。

(1) 最小値が -3，最大値が5となる a の値を求めよ。

(2) 最小値が -4，最大値が12以下となる a の値の範囲を求めよ。

9 2次関数 $y = ax^2 + bx + c$ のグラフが，2点 $(-1,\ 0)$，$(3,\ 8)$ を通り，直線 $y = 2x + 6$ に接するとき，a，b，c の値を求めよ。

10 関数 $y = (x^2 - 2x)^2 - 8(x^2 - 2x)$ $(1 \leqq x \leqq 4)$ の最大値，最小値を求めよ。

11 2次関数 $y = x^2 + (k - 2)x + k^2$ のグラフがある。

(1) このグラフの頂点が第1象限内にあるときの k の範囲を示せ。

(2) このグラフが x 軸および直線 $y = 2x - 5$ と接するときの k の値を示せ。

(3) このグラフが2点A，Bで x 軸と交わるとき，線分ABの長さが2以上となる場合の k の範囲を示せ。

12 a と x を実数とする。x についての次の不等式を解け。

$$x^2 - (a^2 + a - 2)x + a^3 - 2a < 0$$

13 不等式 $x^2 - (a^2 - 2a + 1)x + a^2 - 2a < 0$ を満たす整数 x が存在しないように a の値の範囲を求めよ。

14 次の方程式，不等式を解け。

(1) $|x - 3| + |x + 1| = -x + 5$　　(2) $|x - 3| + |x + 1| > -x + 5$

(3) $x^2 + 2|x - 1| - 6 = 0$　　(4) $x^2 + 2|x - 1| - 6 < 0$

15 2次方程式 $|x^2 - 3x| = x + k$ が4個の異なる実数解をもつように定数 k の値の範囲を定めよ。

1 高次方程式

◆◆◆要点◆◆◆

▶恒等式

・$ax^2+bx+c=a'x^2+b'x+c'$ が x の恒等式

$\Longleftrightarrow$ $a=a'$, $b=b'$, $c=c'$

・$ax^2+bx+c=0$ が x の恒等式 $\Longleftrightarrow$ $a=0$, $b=0$, $c=0$

・$ax+by+c=0$ が x, y の恒等式 $\Longleftrightarrow$ $a=0$, $b=0$, $c=0$

▶剰余の定理

・整式 $P(x)$ を1次式 $x-\alpha$ で割ったときの余りは，$P(\alpha)$ に等しい。

・整式 $P(x)$ を1次式 $ax+b$ で割ったときの余りは，$P\left(-\dfrac{b}{a}\right)$ に等しい。

▶因数定理

整数 $P(x)$ について

・1次式 $x-\alpha$ が $P(x)$ の因数 $\Longleftrightarrow$ $P(\alpha)=0$

・1次式 $ax+b$ が $P(x)$ の因数 $\Longleftrightarrow$ $P\left(-\dfrac{b}{a}\right)=0$

A

118 次の等式①～④のうち，恒等式はどれか。 (教 p.82 練習 1)

① $(a+b)^2=a^2+2ab+b^2$　　② $x^2-1=(x-1)^2$

③ $|x|=x$　　④ $x^3+y^3=(x+y)^3-3xy(x+y)$

***119** 次の等式が $\boldsymbol{x}$ についての恒等式になるように，定数 $\boldsymbol{a}$, $\boldsymbol{b}$, $\boldsymbol{c}$, $\boldsymbol{d}$ の値を定めよ。 (教 p.83 練習 2)

(1) $(x-a)(x+2)=x^2-x+b$

(2) $ax(x+2)+b(x-3)=-x^2+c$

(3) $x^3+ax^2+bx-6=(x+2)(x^2+c)$

(4) $x^3=a(x+1)^3+b(x+1)^2+c(x+1)+d$

***120** $\boldsymbol{x^3+ax^2+x-2}$ を $\boldsymbol{x+b}$ で割ると，商が $\boldsymbol{x^2-x+c}$ で余りが $\boldsymbol{-8}$ である。このとき，定数 $\boldsymbol{a}$, $\boldsymbol{b}$, $\boldsymbol{c}$ を求めよ。 (教 p.84 練習 3)

***121** 次の等式が恒等式となるように，定数 $\boldsymbol{a}$, $\boldsymbol{b}$ の値を定めよ。 (教 p.84 練習 4)

(1) $\dfrac{2}{x(x+2)}=\dfrac{a}{x}-\dfrac{b}{x+2}$　　(2) $\dfrac{a}{x-1}+\dfrac{b}{x-2}=\dfrac{2x+3}{(x-1)(x-2)}$

122　剰余の定理を用いて，次の式を〔　〕内の式で割ったときの余りを求めよ。
（教 p.85 練習 5）

*(1)　x^2+3x+5〔$x-1$〕　(2)　x^2-2x+3〔$x+2$〕
(3)　x^3-3x-2〔$x-2$〕　*(4)　x^3+2x^2-3x+1〔$x+1$〕

123　剰余の定理を用いて，次の式を〔　〕内の式で割ったときの余りを求めよ。
（教 p.85 練習 6）

*(1)　$2x^3+3x^2-4$〔$2x-1$〕　(2)　$2x^2+3x+2$〔$2x+1$〕
(3)　$3x^2-2x-1$〔$3x-2$〕　*(4)　$9x^3-6x^2-2x+1$〔$3x+2$〕

***124**　整式 $P(x)=x^3-2ax+3$ について，次の問いに答えよ。（教 p.86 練習 7）
(1)　$x-1$ で割り切れるように a の値を定めよ。
(2)　$x+2$ で割った余りが -1 であるように a の値を定めよ。

125　整式 $P(x)=x^3+ax^2+bx+2$ を $x-1$ で割っても，$x+2$ で割っても 4 余るとき，定数 a，b の値を求めよ。（教 p.86 練習 7）

***126**　整式 $P(x)$ を $x+2$ で割ると -7 余り，$x-3$ で割ると 3 余る。$P(x)$ を x^2-x-6 で割ったときの余りを求めよ。（教 p.86 練習 8）

127　$x+1$，$x+2$，$x-3$ のうち，x^3+4x^2+x-6 の因数であるものはどれか。（教 p.87 練習 9）

128　因数定理を用いて，次の式を因数分解せよ。（教 p.87 練習 10）
*(1)　x^3-2x+1　(2)　x^3-3x^2+3x-2
(3)　$x^3-6x^2+11x-6$　*(4)　$4x^3+x+1$

129　因数分解の公式を利用して，次の方程式を解け。（教 p.88-89 練習 11-12）
*(1)　$2x^3-54=0$　*(2)　$x^3-3x^2+3x-1=0$
(3)　$x^4-4x^2=0$　(4)　$x^4-81=0$

130　因数定理を利用して，次の方程式を解け。（教 p.89 練習 13-14）
(1)　$x^3-7x+6=0$　*(2)　$x^3-x^2-4=0$
*(3)　$2x^3-x^2-4x-1=0$　(4)　$x^4-4x^3+4x^2+x-2=0$

B

例題 1 $4x^3+ax^2-3x+b$ が $(2x-1)^2$ で割り切れるように，定数 a，b の値を定めよ。

解 $4x^3+ax^2-3x+b$ が $(2x-1)^2$ で割り切れ，かつ x^3 の係数は 4 だから

$$4x^3+ax^2-3x+b=(x+c)(2x-1)^2$$

とおける。右辺を展開すると

$$4x^3+ax^2-3x+b=4x^3+4(c-1)x^2+(1-4c)x+c$$

これが恒等式となる条件は

$a=4(c-1)$ ……① $-3=1-4c$ ……② $b=c$ ……③

①，②，③を解くと，求める定数 a，b は $a=0$，$b=1$

131 **次の条件に適するように，定数 a，b の値を定めよ。**

*(1) x^3+ax^2-5x+b が $(x-1)^2$ で割り切れる。

(2) x^3+7x^2+ax+b が x^2+2x-3 で割り切れる。

(3) $3x^3+5x^2+ax+b$ が $(x+1)^2$ で割り切れる。

例題 2 $\dfrac{1}{x^3+x}$ を部分分数に分解せよ。

考え方 **分母を因数分解し，部分分数の形を決め（分子は a，b，c を用いた仮決め），x の恒等式に帰着させる。**

解 分子の次数 < 分母の次数 より

$\dfrac{1}{x^3+x}=\dfrac{1}{x(x^2+1)}=\dfrac{a}{x}+\dfrac{bx+c}{x^2+1}$ の形に分解される。

両辺に $x(x^2+1)$ を掛けて分母を払うと

$$1=a(x^2+1)+(bx+c)x$$

$$1=(a+b)x^2+cx+a$$

これが恒等式となる条件は

$a+b=0$ ……① $c=0$ ……② $a=1$ ……③

①，②，③を解くと $a=1$，$b=-1$，$c=0$

よって $\dfrac{1}{x^3+x}=\dfrac{1}{x}-\dfrac{x}{x^2+1}$

132　次の分数式を部分分数に分解せよ。

＊(1)　$\dfrac{2}{x^2-1}$　　＊(2)　$\dfrac{3x-4}{x^2+3x+2}$　　(3)　$\dfrac{2x^2-3x-3}{x^3-x}$

133　次の方程式を解け。

＊(1)　$x^3-6x^2-7x+60=0$　　(2)　$8x^3+12x^2+6x+1=0$

＊(3)　$2x^3+x^2+3x-2=0$　　＊(4)　$4x^4-4x^3+3x^2+x-1=0$

134　次の方程式を解け。

(1)　$36x^4-25x^2+4=0$　　(2)　$x^4-4x^3+6x^2-4x+1=0$

(3)　$x^4+x^2+1=0$　　(4)　$x^6-1=0$

＊135　3次方程式 $x^3+ax+b=0$ の解の1つが $1-2i$ であるとき，実数の定数 a，b の値を求めよ。また，他の解を求めよ。

発展問題

136　次の問いに答えよ。

(1)　方程式 $x^3=1$ の解（立方根）を求めよ。

(2)　(1)で求めた解のうち，虚数解の一つを ω とすると，もう一方は ω^2 で表されることを示せ。

(3)　(2)の ω について，$\omega^8+\omega^4+1=0$ となることを示せ。

137　整式 $P(x)$ を $x-2$ で割ると9余り，x^2+4x+3 で割ると $-x-4$ 余る。このとき $P(x)$ を x^2+x-6 で割った余りを求めよ。

138　a，b，c を実数とする。

$$x^3+ax^2+bx+c=(x-\alpha)(x-\beta)(x-\gamma)\quad\cdots\cdots①$$

が恒等式のとき，3次方程式

$$x^3+ax^2+bx+c=0\quad\cdots\cdots②$$

について，次の問いに答えよ。

(1)　方程式②の解は　$x=\alpha$，β，γ であることを示せ。

(2)　方程式②の係数 a，b，c を解 α，β，γ で表せ。

(3)　方程式②が虚数解を1つだけもつことはないことを示せ。

139　整式 $P(x)$ を x^2+1 で割ると $2x+1$ 余り，$x-1$ で割ると7余る。このとき $P(x)$ を $(x^2+1)(x-1)$ で割った余りを求めよ。

2 式と証明

◆◆◆要点◆◆◆

▶等式の証明

等式 $A=B$ を証明するには，次の方法がある。

・A を変形して B を導く。(B を変形して A を導く。)

・A，B をそれぞれ変形し，同じ式を導く。

・$A-B=0$ を示す。

▶条件付き等式の証明

・条件式が等式の場合は，条件式を利用して1文字消去する。

・条件式が比例式の場合は，「$=k$」とおく。

▶不等式の証明

不等式 $A \geqq B$ を証明するには，次の方法がある。

・$A-B \geqq 0$ を示す。

・実数の平方の性質を用いる。

・相加平均と相乗平均の関係を用いる。

・根号や絶対値のついたものは，平方の差を考える。

▶実数の平方の性質

実数 a，b について

・$a^2 \geqq 0$ であり，特に，$a^2=0 \iff a=0$

・$a^2+b^2 \geqq 0$ であり，特に，$a^2+b^2=0 \iff a=0$ かつ $b=0$

▶相加平均と相乗平均の関係（$a>0$，$b>0$）

$$\frac{a+b}{2} \geqq \sqrt{ab} \quad (\text{等号成立条件は } a=b)$$

注　この関係式は $a+b \geqq 2\sqrt{ab}$ の形で用いられることもある。

▶比例式の性質

・$a:b=c:d \iff \dfrac{a}{b}=\dfrac{c}{d} \iff ad=bc$

・$a:b:c=p:q:r \iff \dfrac{a}{p}=\dfrac{b}{q}=\dfrac{c}{r}$

注　条件式が比の形で与えられたとき，比の値を k とおく。

A

＊140　次の等式を証明せよ。　(数 p.91 練習 1)

(1)　$(a+2b)^2+(a-2b)^2=2(a^2+4b^2)$

(2)　$(x-y)^3+3xy(x-y)=x^3-y^3$

(3)　$(a^2+ab+b^2)(a^2-ab+b^2)=a^4+a^2b^2+b^4$

141　$\dfrac{a}{b}=\dfrac{c}{d}$ のとき，次の等式を証明せよ。　(数 p.92 練習 2)

(1)　$\dfrac{b}{a+b}=\dfrac{d}{c+d}$　　＊(2)　$\dfrac{a-b}{b}=\dfrac{c-d}{d}$

＊142　次の等式を証明せよ。　(数 p.92 練習 3)

(1)　$x+y=0$ のとき，$x^2=2xy+3y^2$

(2)　$x+y=1$ のとき，$x^2-x=y^2-y$

(3)　$x+y=1$ のとき，$x^2+y^2+1=2(x+y-xy)$

143　$x>y$ のとき，次の不等式を証明せよ。　(数 p.93 練習 4)

＊(1)　$\dfrac{3x-y}{2}>\dfrac{4x-y}{3}$　　(2)　$x^3-y^3>2xy(x-y)$

＊144　次の不等式を証明せよ。　(数 p.93 練習 4)

(1)　$a>1$，$b>1$ のとき，$ab>a+b-1$

(2)　$a>b>0$，$c>0$ のとき，$1<\dfrac{a+c}{b+c}<\dfrac{a}{b}$

＊145　次の不等式を証明せよ。　(数 p.94 練習 5)

(1)　$x^2+4\geqq 4x$　　(2)　$x^2+2x+3>0$　　(3)　$4x^2-4xy+y^2\geqq 0$

146　次の不等式を証明せよ。また，等号が成り立つときの条件を求めよ。　(数 p.94 練習 5)

(1)　$x^2-6xy+9y^2\geqq 0$　　＊(2)　$x^2+y^2-4x+2y+5\geqq 0$

＊(3)　$\dfrac{1}{2}(x^2+y^2)\geqq xy$　　(4)　$x^2+5y^2-4xy\geqq 0$

＊(5)　$x^4+y^4\geqq x^3y+xy^3$　　(6)　$x^2+y^2\geqq 2(x-y-1)$

147　$a>0$，$b>0$ のとき，相加平均と相乗平均の関係を用いて，次の不等式を証明せよ。さらに，等号が成り立つときの条件を求めよ。　(数 p.95 練習 6)

＊(1)　$a+\dfrac{3}{a}\geqq 2\sqrt{3}$　　(2)　$\dfrac{b}{3a}+\dfrac{12a}{b}\geqq 4$　　＊(3)　$a+\dfrac{9}{a+1}\geqq 5$

◇◇◇◇◇◇◇◇◇◇◇◇◇◇◇◇◇◇◇◇◇◇◇◇◇◇◇◇◇ **B** ◇◇◇◇◇◇◇◇◇◇◇◇◇◇◇◇◇◇◇◇◇◇◇◇◇◇◇◇◇

***148** 次の等式が成り立つことを証明せよ。

(1) $a+b+c=0$，$abc \neq 0$ のとき，$\dfrac{b+c}{a}+\dfrac{c+a}{b}+\dfrac{a+b}{c}=-3$

(2) $abc=1$ のとき，$\dfrac{a}{ab+a+1}+\dfrac{b}{bc+b+1}+\dfrac{c}{ca+c+1}=1$

(3) $x+\dfrac{1}{y}=1$，$y+\dfrac{1}{z}=1$ のとき，$z+\dfrac{1}{x}=1$

(4) $3x+y=3z$，$x+z=3y$ のとき，$x^2+y^2=z^2$

***149** $\dfrac{x}{a}=\dfrac{y}{b}$ **のとき，次の等式を証明せよ。**

$$(a^2+b^2)(x^2+y^2)=(ax+by)^2$$

150 $\dfrac{x}{b+c}=\dfrac{y}{c+a}=\dfrac{z}{a+b}$ **のとき，次の等式を証明せよ。**

$$(b-c)x+(c-a)y+(a-b)z=0$$

151 $\dfrac{y+2z}{x}=\dfrac{z+2x}{y}=\dfrac{x+2y}{z}$ **ならば，$x+y+z=0$ または $x=y=z$ であることを証明せよ。**

例題 3 $a>0$，$b>0$ のとき，不等式 $(a+4b)\left(\dfrac{1}{a}+\dfrac{1}{b}\right) \geqq 9$ を証明せよ。また，等号が成り立つときの条件を求めよ。

考え方 **相加・相乗平均の関係式 $a+4b \geqq 4\sqrt{ab}$ …① と $\dfrac{1}{a}+\dfrac{1}{b} \geqq \dfrac{2}{\sqrt{ab}}$ …② を辺々かけて $(a+4b)\left(\dfrac{1}{a}+\dfrac{1}{b}\right) \geqq 8$ とするのは誤り。なぜなら①，②の等号成立条件が①は $a=4b$，②は $a=b$ のように異なるため。**

証明 左辺を展開すると

$$(a+4b)\left(\frac{1}{a}+\frac{1}{b}\right)=\frac{a}{b}+\frac{4b}{a}+5$$

ここで $\dfrac{a}{b}>0$，$\dfrac{4b}{a}>0$ だから，相加平均と相乗平均の関係より

$$\frac{a}{b}+\frac{4b}{a} \geqq 2\sqrt{\frac{a}{b}\cdot\frac{4b}{a}}=4$$

よって，$(a+4b)\left(\dfrac{1}{a}+\dfrac{1}{b}\right) \geqq 9$

等号の成り立つときは $\dfrac{a}{b}=\dfrac{4b}{a}$ すなわち $a=2b$ である。[証明終わり]

＊152　$a>0$，$b>0$ のとき，次の不等式を証明せよ。また，等号が成り立つときの条件を求めよ。

$$\left(2a+b\right)\left(\frac{2}{a}+\frac{1}{b}\right) \geqq 9$$

153　$a>0$，$b>0$ のとき，次の不等式を証明せよ。

＊(1)　$\sqrt{a+4} < \sqrt{a}+2$　　(2)　$2\sqrt{a}+3\sqrt{b} > \sqrt{4a+9b}$

154　$a>0$，$b>0$ のとき，不等式 $\dfrac{a+b}{2} \leqq \sqrt{\dfrac{a^2+b^2}{2}}$ が成り立つことを証明せよ。また，等号が成り立つときの条件を求めよ。

＊155　正の数 a，b，x，y に対して，次の不等式が成り立つことを証明せよ。また，等号が成り立つときの条件を求めよ。

$$\sqrt{ax+by}\sqrt{x+y} \geqq \sqrt{a}\,x+\sqrt{b}\,y$$

発展問題

例題 4　不等式 $|a+b| \leqq |a|+|b|$ を証明せよ。また，等号が成り立つときの条件を求めよ。

考え方　両辺の平方の差を考える。絶対値の性質 $|ab|=|a|\cdot|b|$，$|a| \geqq a$ も利用する。

証明　両辺の平方の差を考えると，$|ab| \geqq ab$ だから

$$\begin{aligned}(|a|+|b|)^2-|a+b|^2 &= (|a|^2+2|a|\cdot|b|+|b|^2)-(a^2+2ab+b^2)\\ &= a^2+2|ab|+b^2-(a^2+2ab+b^2)\\ &= 2(|ab|-ab) \geqq 0\end{aligned}$$

よって　$|a+b|^2 \leqq (|a|+|b|)^2$

$|a|+|b| \geqq 0$，$|a+b| \geqq 0$ より

$|a+b| \leqq |a|+|b|$

等号成立条件は $|ab|=ab$ すなわち $ab \geqq 0$ である。　[証明終わり]

156　例題 4 の $|a+b| \leqq |a|+|b|$ が成り立つことを利用して，次の不等式を証明せよ。また，等号が成り立つときの条件を求めよ。

(1)　$|a-b| \leqq |a|+|b|$　　(2)　$|a+b+c| \leqq |a|+|b|+|c|$

3章の問題

1 3次式 $P(x)$ は，x^2-x-1 で割ると $5x-9$ 余り，$2x^2+3$ で割ると $2x-1$ 余る。このとき，$P(x)$ を求めよ。

2 $P(x)$ は，x^3 の係数が1であるような3次式とする。$P(x)$ を $(x+1)^2$ で割ったときの余りは $x+1$ であり，$(x-1)^2$ で割った余りは $x+c$ である。ただし，c は定数である。このとき，c の値と $P(x)$ を求めよ。

3 整式 $f(x)$ を $x+1$ で割ると余りが9，$(x-1)(x-2)$ で割ると商が $g(x)$，余りが $8x-1$ になる。このとき，次の問いに答えよ。

(1) $f(x)$ を $(x+1)(x-2)$ で割ったときの余りを求めよ。

(2) $g(x)$ を $x+1$ で割ったときの余りを求めよ。

(3) $f(x)$ を $(x^2-1)(x-2)$ で割ったときの余りを求めよ。

4 $P(x)=x^n-x$ とする。$P(x)$ を x^2-3x+2 で割ったときの余りを求めよ。

5 $x+y=1$ を満たす x，y について，$ax^2+bxy+cy^2=1$ が常に成り立つように，定数 a，b，c の値を定めよ。

6 $\dfrac{1}{x^3-1}=\dfrac{a}{x-1}+\dfrac{bx+c}{x^2+x+1}$ と部分分数分解するとき，定数 a，b，c の値を定めよ。

7 実数 a，b，c が $\dfrac{b+c}{a}=\dfrac{c+a}{b}=\dfrac{a+b}{c}$ を満たすとき，この式の値を求めよ。

8 相加平均と相乗平均の関係を利用して，次の問いに答えよ。

(1) $x>0$ のとき，$\dfrac{x^2-2x+3}{x}$ の最小値とそのときの x の値を求めよ。

(2) $a>0$，$b>0$，$4a+3b=8$ のとき，ab の最大値とそのときの a，b の値を求めよ。

9 2つの方程式 $x^3+3x^2+5x+6=0$ と $x^2+x+k=0$ が2つの解を共有するとき，実数 k の値を求めよ。また，ただ1つの解を共有するときの実数 k の値を求めよ。

10 方程式 $x^3-3x^2+2x+1=0$ の3つの解を α, β, γ とするとき，次の値を求めよ。

(1) $\alpha+\beta+\gamma$, $\alpha\beta+\beta\gamma+\gamma\alpha$, $\alpha\beta\gamma$　　(2) $\alpha^2+\beta^2+\gamma^2$

(3) $\alpha^3+\beta^3+\gamma^3$　　(4) $\alpha^4+\beta^4+\gamma^4$

11 $a+b+c=0$ のとき，次の等式を証明せよ。

$$\frac{a^2}{(a+b)(a+c)}+\frac{b^2}{(b+c)(b+a)}+\frac{c^2}{(c+a)(c+b)}=3$$

12 $a+b+c=\frac{1}{a}+\frac{1}{b}+\frac{1}{c}=1$ のとき，次の等式を証明せよ。

(1) $(a+b)(b+c)(c+a)=0$

(2) $\frac{1}{a^n}+\frac{1}{b^n}+\frac{1}{c^n}=1$（ただし，$n$ は奇数）

13 実数 a, b, c について，$a+b=c+d$, $a^2+b^2=c^2+d^2$ が成り立つとき

$$\begin{cases} a=c \\ b=d \end{cases} \quad \text{または} \quad \begin{cases} a=d \\ b=c \end{cases}$$

であることを示せ。

14 次の不等式を証明せよ。

(1) $x^4+1 \geqq x^3+x$　　(2) $(x^4+y^4)(x^2+y^2) \geqq (x^3+y^3)^2$

15 $0<a<b$, $a+b=1$ のとき，$\frac{1}{2}$, $2ab$, a^2+b^2 を大きい順に並べよ。

16 次の不等式を証明せよ。

(1) $(a^2+b^2+c^2)(x^2+y^2+z^2) \geqq (ax+by+cz)^2$

(2) $10(2a^2+3b^2+5c^2) \geqq (2a+3b+5c)^2$

17 $a>\sqrt{2}$ のとき，$\frac{a+2}{a+1}$, $\frac{a}{2}+\frac{1}{a}$, $\sqrt{2}$ を小さい順に並べよ。

18 $|a|<1$, $|b|<1$, $|c|<1$ のとき，次の不等式を証明せよ。

(1) $ab+1>a+b$　　(2) $abc+2>a+b+c$

1 関数とグラフ

◆◆◆要点◆◆◆

▶べき関数

$y = x^n$ (n は自然数) の形で表される関数

▶分数関数(分数式で表された関数)

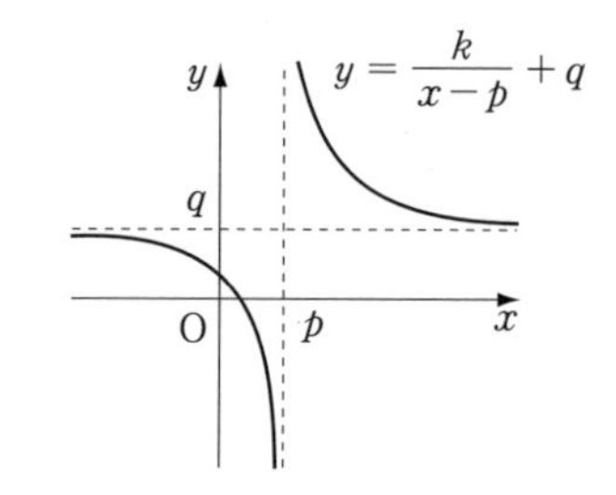

・$y = \dfrac{k}{x-p} + q$ のグラフは，2直線 $x = p$，$y = q$ を漸近線とする双曲線

・$y = \dfrac{ax+b}{cx+d}$ ($c \neq 0$，$ad - bc \neq 0$) は上の式の形に変形する。

▶無理関数(無理式で表された関数)

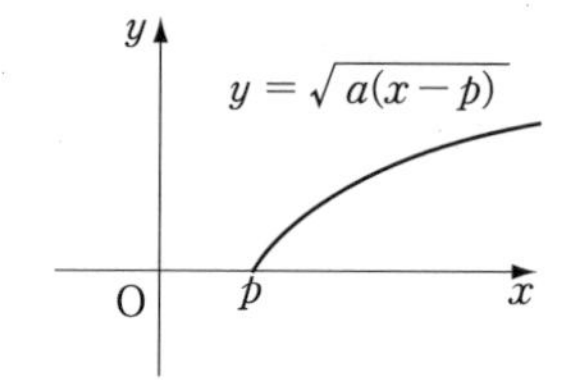

・$y = \sqrt{ax}$ のグラフは，放物線 $y^2 = ax$ の上半分

・$y = \sqrt{a(x-p)}$ ($a \neq 0$) のグラフは，軸が x 軸，頂点 $(p, 0)$ の放物線の上半分。

▶逆関数

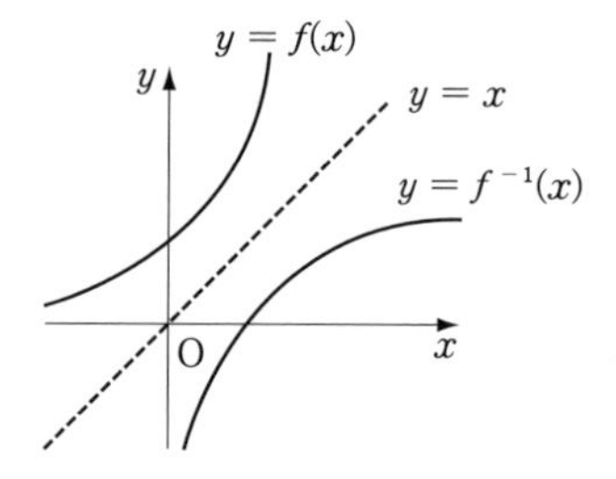

・$y = f(x) \iff x = f^{-1}(y)$

・$y = f(x)$ とその逆関数 $y = f^{-1}(x)$ について定義域と値域が入れかわる。

・グラフは，直線 $y = x$ に関して対称。

▶合成関数

・$(g \circ f)(x) = g(f(x))$

・$(f^{-1} \circ f)(x) = x$，$(f \circ f^{-1})(x) = x$

・$f(a) = b \iff f^{-1}(b) = a$

▶偶関数と奇関数

・$f(x)$ は偶関数 $\iff f(-x) = f(x)$ (グラフは y 軸に関して対称)

・$f(x)$ は奇関数 $\iff f(-x) = -f(x)$ (グラフは原点に関して対称)

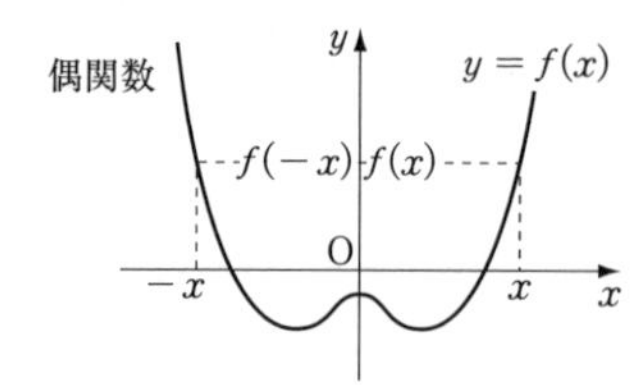

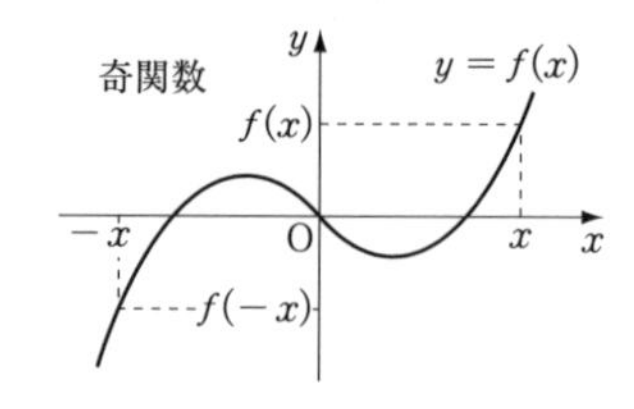

A

157 次の関数のグラフは〔 〕内の関数をどのように平行移動したものか。また，そのグラフをかけ。 (教 p.100 練習 2)

(1) $y=(x+2)^4-1$ 〔$y=x^4$〕 (2) $y=-(x-3)^5+2$ 〔$y=-x^5$〕

＊158 次の分数関数のグラフをかき，漸近線の方程式を求めよ。 (教 p.102 練習 3)

(1) $y=\dfrac{2}{x+1}$ (2) $y=-\dfrac{2}{x}+3$ (3) $y=\dfrac{1}{x-2}-1$

159 次の分数関数のグラフをかき，漸近線の方程式を求めよ。 (教 p.103 練習 4)

(1) $y=\dfrac{x-1}{x-2}$ ＊(2) $y=\dfrac{x}{x+3}$ ＊(3) $y=\dfrac{2x-1}{2x-3}$

160 次の無理関数のグラフをかけ。 (教 p.104-105 練習 5-6)

＊(1) $y=\sqrt{-3x}$ ＊(2) $y=-\sqrt{3x}$ ＊(3) $y=\sqrt{x-3}$

＊(4) $y=\sqrt{2-x}$ (5) $y=-\sqrt{2x-4}$ (6) $y=-\sqrt{2-2x}$

＊161 次の関数 $f(x)$ の逆関数 $f^{-1}(x)$ を求めよ。また，$y=f^{-1}(x)$ のグラフをかけ。 (教 p.108 練習 9)

(1) $f(x)=2x-3$ (2) $f(x)=\sqrt{x-3}$ (3) $f(x)=\dfrac{x}{x-2}$

＊162 次の関数の逆関数を求めよ。また，その定義域・値域をいえ。 (教 p.109 練習 10)

(1) $y=2x+4$ $(-1\leqq x\leqq 2)$ (2) $y=x^2+3$ $(0\leqq x\leqq 1)$

(3) $y=\dfrac{1}{x-1}$ $(2\leqq x\leqq 3)$ (4) $y=\sqrt{x-2}$ $(2\leqq x\leqq 3)$

163 次の関数 $f(x)$，$g(x)$ に対し，合成関数 $(g\circ f)(x)$ と $(f\circ g)(x)$ を求めよ。 (教 p.111 練習 11)

＊(1) $f(x)=x+1$，$g(x)=2x-1$ (2) $f(x)=3x+2$，$g(x)=x^2-1$

＊(3) $f(x)=2x^2+1$，$g(x)=\dfrac{2}{x}$ (4) $f(x)=\sqrt{x+3}$，$g(x)=x^2$

164 次の関数について，「偶関数」，「奇関数」，「どちらでもない」のいずれか調べよ。 (教 p.99 練習 1)

(1) $f(x)=x^2+1$ (2) $f(x)=x^3-1$ (3) $f(x)=x^3+2x$

＊(4) $f(x)=\dfrac{1}{x}$ ＊(5) $f(x)=\sqrt{x}$ ＊(6) $f(x)=|x|-1$

B

165 次の関数のグラフをかけ。

(1) $y=-\dfrac{x}{x+1}$　　(2) $y=\dfrac{2x+3}{x+1}$

(3) $y=\sqrt{2x-2}+1$　　(4) $y=1-\sqrt{1-x}$

***166** グラフを利用して，次の不等式を解け。

(1) $x+3\leqq-\dfrac{2x}{x+2}$　　(2) $\sqrt{5-x}>x-3$

***167** 1次関数 $f(x)=ax+b$ について，

$$f(1)=-1,\ f^{-1}(1)=2$$

のとき，定数 a，b の値を求めよ。

***168** 関数 $f(x)=\dfrac{2x+1}{x+p}$ の逆関数 $f^{-1}(x)$ が元の関数 $f(x)$ と一致するとき，定数 p の値を求めよ。

169 1次関数 $f(x)=ax+b$ について，すべての実数 x に対し

$$(f\circ f)(x)=4x-3$$

が成り立つとき，定数 a，b の値を求めよ。

例題 1 実数 x に対して，$[x]$ を x 以下の最大の整数を表すものとする。このとき，関数 $y=[x]$ $(-2\leqq x\leqq 4)$ のグラフをかけ。（[　] をガウス記号という。）

考え方 $n\leqq x<n+1$ を満たす整数 n が $[x]$ である。
例えば $[1.3]=1$，$[2]=2$，$[0.6]=0$，$[-1.7]=-2$

解

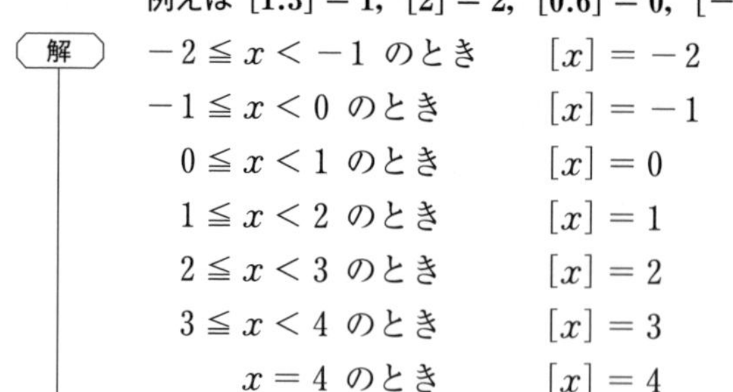

$-2\leqq x<-1$ のとき　$[x]=-2$
$-1\leqq x<0$ のとき　$[x]=-1$
$0\leqq x<1$ のとき　$[x]=0$
$1\leqq x<2$ のとき　$[x]=1$
$2\leqq x<3$ のとき　$[x]=2$
$3\leqq x<4$ のとき　$[x]=3$
$x=4$ のとき　$[x]=4$

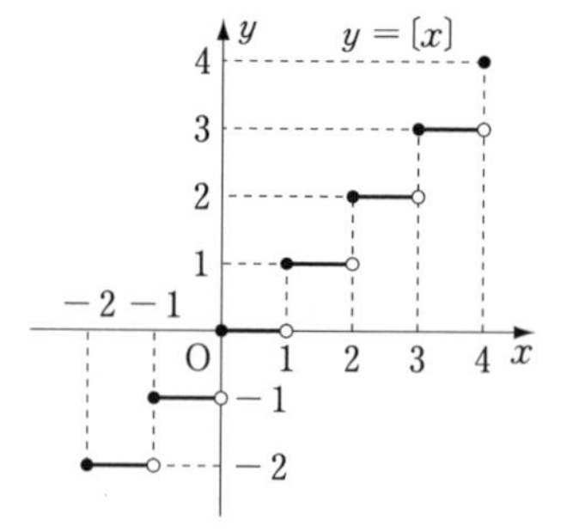

これより $y=[x]$ のグラフは右の図のようになる。

170 次の関数のグラフをかけ。ただし，$[x]$ は実数 x に対して，x 以下の最大の整数とする。

(1) $y=\left[\dfrac{x}{2}\right]$ $(-4 \leqq x \leqq 6)$　　*(2) $y=x[x]$ $(-3 \leqq x < 4)$

(3) $y=x-[x]$ $(-2 \leqq x \leqq 4)$

発展問題

例題 2 $f(x)=\begin{cases} x-1 & (x \geqq 1) \\ 0 & (x<1) \end{cases}$，$g(x)=x^2-3$

のとき，合成関数 $y=(f\circ g)(x)$ のグラフをかけ。

考え方 $(f\circ g)(x)=f(g(x))$ を $g(x) \geqq 1$ と $g(x)<1$ の場合に分けて求める。

解 $(f\circ g)=f(g(x))$

$$=\begin{cases} g(x)-1 & (g(x) \geqq 1) \\ 0 & (g(x)<1) \end{cases}$$

$g(x)=x^2-3 \geqq 1$ より $x \leqq -2,\ 2 \leqq x$

$g(x)=x^2-3<1$ より $-2<x<2$

だから，

$$(f\circ g)(x)=\begin{cases} x^2-4 & (x \leqq -2,\ 2 \leqq x) \\ 0 & (-2<x<2) \end{cases}$$

よって，グラフは右図のようになる。

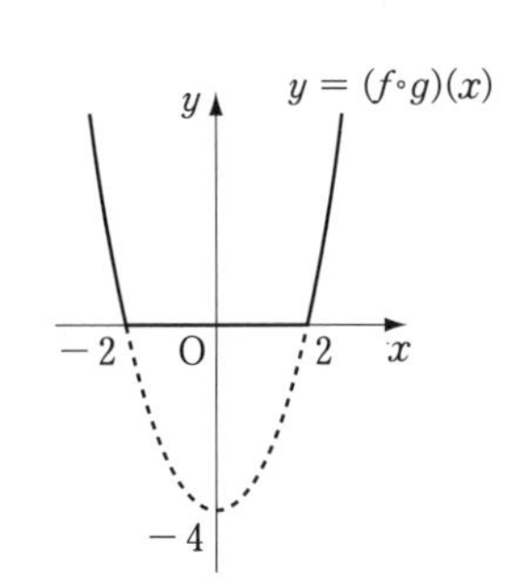

***171** 関数 $f(x)=\begin{cases} 1-x^2 & (-1 \leqq x \leqq 0) \\ -2x+1 & (0 \leqq x \leqq 1) \end{cases}$ について

(1) $y=f(x)$ のグラフをかけ。

(2) 合成関数 $y=(f\circ f)(x)$ のグラフをかけ。

172 2つの関数 $f(x)=\dfrac{x+3}{x-2}$ と $g(x)=\dfrac{ax+b}{x+c}$ について，

$$(f\circ g)(x)=\frac{1}{x}$$

が成り立つように，定数 a，b，c の値を定めよ。

4章 の問題

1 実数全体で定義された関数 $y=f(x)$ について，次の①～⑤の記述のうち正しいものを2つ選べ。

① $y=f(x-2)$ のグラフは，$y=f(x)$ のグラフを x 軸方向に -2 平行移動したものである。

② $y=f(x)+3$ のグラフは，$y=f(x)$ のグラフを y 軸方向に3平行移動したものである。

③ $y=f(3x)$ のグラフは，$y=f(x)$ のグラフを x 軸方向に3倍に拡大したものである。

④ $y=f(-x)$ のグラフは，$y=f(x)$ のグラフを x 軸に関して対称移動したものである。

⑤ $y=-f(x)$ のグラフは，$y=f(x)$ のグラフを x 軸に関して対称移動したものである。

2 関数 $y=\sqrt{2x}$ のグラフを，はじめに x 軸方向に2倍に拡大し，次に y 軸に関して対称移動した。その結果，得られるグラフの方程式を次の①～⑧から選べ。

① $y=-2\sqrt{2x}$　② $y=2\sqrt{-2x}$　③ $y=-\sqrt{\dfrac{x}{2}}$

④ $y=\sqrt{-\dfrac{x}{2}}$　⑤ $y=-2\sqrt{x}$　⑥ $y=2\sqrt{-x}$

⑦ $y=-\sqrt{x}$　⑧ $y=\sqrt{-x}$

3 次の空欄①～⑤にあてはまる式を答えよ。

曲線 $y=-\dfrac{4}{x}$ を x 軸方向に2，y 軸方向に1だけ平行移動した曲線を C_1 とすると，C_1 の方程式は $y=$ [①] である。

曲線 C_1 を原点に関して対称移動した曲線を C_2 とすると，C_2 の方程式は $y=$ [②] である。

曲線 C_1 を直線 $y=x$ に関して対称移動した曲線を C_3 とすると，C_3 の方程式は $y=$ [③] である。

C_2 と C_3 の交点の座標は [④] と [⑤] である。

4　関数 $y=-\dfrac{1}{x}$ と関数 $y=\sqrt{x+2}$ のグラフをかけ。また，グラフの交点の座標を求めよ。

5　次の関数が与えられた条件を満たすように定数 a，b の値を定めよ。

(1)　$y=\sqrt{a-2x}$ の定義域が $x \leqq 4$ である。

(2)　$y=\sqrt{x+a}$ のグラフが点 $(-1,\ 3)$ を通る。

(3)　$y=\sqrt{2x-a}+b$ $(2 \leqq x \leqq 6)$ の最大値が5，最小値が3である。

6　次の関数の逆関数を求めよ。

(1)　$y=\dfrac{x+3}{x+2}$　　(2)　$y=\dfrac{4x+3}{2x+1}$

7　次の関数の逆関数を求めよ。また，その逆関数の定義域を求めよ。

(1)　$y=\sqrt{2x+1}$　　(2)　$y=\sqrt{3x-2}-1$

8　次の関数の逆関数を求め，その逆関数のグラフをかけ。

(1)　$y=\dfrac{2x+3}{2x+1}$　　(2)　$y=\sqrt{x+4}+1$

9　関数 $f(x)=\dfrac{2x+a}{x+1}$，$g(x)=\dfrac{3x+b}{x+c}$ について，$(f\circ g)(x)=\dfrac{9x+8}{4x+3}$ であるとき，定数 a，b，c の値を求めよ。

10　関数 $y=\sqrt{ax+b}+c$ の逆関数が $y=\dfrac{1}{2}x^2-5x+11$ であるとき，定数 a，b，c を求めよ。

11　次を証明せよ。

(1)　関数 $f(x)$ の逆関数 $f^{-1}(x)$ が存在するならば，$(f^{-1}\circ f)(x)=x$ である。

(2)　奇関数 $f(x)$ について，$f(x)$ の逆関数 $f^{-1}(x)$ が存在するならば，$f^{-1}(x)$ もまた奇関数である。

1 指数関数

◆◆◆要点◆◆◆

▶指数の拡張 ―― ($a \neq 0$, m, n は整数, $n > 0$)

$$a^0 = 1, \quad a^{-n} = \frac{1}{a^n}$$

▶指数法則 ―― ($a \neq 0$, $b \neq 0$, m, n は整数)

$$a^m \times a^n = a^{m+n}, \quad a^m \div a^n = a^{m-n}$$
$$(a^m)^n = a^{m \times n}, \quad (ab)^m = a^m b^m$$

▶累乗根の性質 ―― ($a > 0$, $b > 0$, m, n は 2 以上の整数)

$$(\sqrt[n]{a})^n = a, \quad \sqrt[n]{a} \cdot \sqrt[n]{b} = \sqrt[n]{ab}, \quad \frac{\sqrt[n]{a}}{\sqrt[n]{b}} = \sqrt[n]{\frac{a}{b}},$$
$$(\sqrt[n]{a})^m = \sqrt[n]{a^m}, \quad \sqrt[m]{\sqrt[n]{a}} = \sqrt[mn]{a}$$

▶指数関数 ―― $y = a^x$ ($a > 0$, $a \neq 1$) のグラフ

$a > 1$ のとき

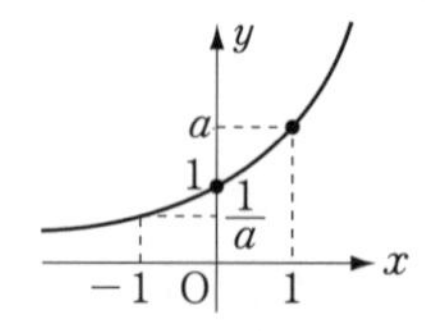

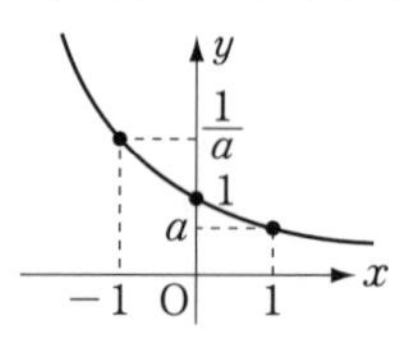

[1] 定義域は実数全体，値域は正の実数全体。

[2] グラフは点 (0, 1)，(1, a) を通る。

[3] x 軸(直線 $y = 0$)を漸近線にもつ。

[4] $a > 1$ のとき，単調増加($u < v \iff a^u < a^v$)
　$0 < a < 1$ のとき，単調減少 ($u < v \iff a^u > a^v$)

[5] $y = a^x$ のグラフを，x 軸方向に p，y 軸方向に q だけ平行移動させたグラフの式は，$y = a^{x-p} + q$

A

***173** 次の値を求めよ。 (教 p.114 練習 1)

(1) 2^0　(2) 4^{-3}　(3) $(-3)^{-2}$　(4) $\left(\frac{1}{2}\right)^{-3}$

***174** 次の式を計算せよ。 (教 p.115 練習 2)

(1) $a^{-2} \times a^3$　(2) $(a^2)^{-3}$　(3) $(a^{-2}b^3)^3$

(4) $a^5 \times (a^{-2})^2$　(5) $(a^{-3})^2 \times a^{-2} \div a^{-4}$　(6) $(ab^{-2})^3 \times (a^2 b)^{-2}$

(7) $3^{-3} \div 3^{-6}$　(8) $2^5 \times 2^{-2} \div 2^3$　(9) $100^4 \times 0.001^2$

175　次の値を求めよ。　(教 p.116 練習 3)

*(1)　8 の 3 乗根　*(2)　16 の 4 乗根　(3)　$\sqrt[3]{64}$

*(4)　$\sqrt[3]{-27}$　(5)　$-\sqrt[6]{64}$　(6)　$\sqrt{25}$

(7)　$\sqrt[4]{\dfrac{16}{81}}$　*(8)　$\sqrt[4]{0.0081}$　*(9)　$\sqrt[5]{-1}$

176　次の値を求めよ。　(教 p.117 練習 5)

(1)　$\sqrt[4]{3}\sqrt[4]{27}$　(2)　$\sqrt[3]{432}\div\sqrt[3]{-2}$　(3)　$(\sqrt[3]{2})^6$

(4)　$\sqrt[4]{3^8}$　(5)　$\sqrt[3]{\sqrt{64}}$　(6)　$\sqrt[3]{81}\div\sqrt[3]{9}\times\sqrt[3]{3}$

177　次の値を求めよ。　(教 p.118 練習 6)

*(1)　$16^{\frac{1}{4}}$　(2)　$4^{\frac{3}{2}}$　*(3)　$27^{-\frac{1}{3}}$

(4)　$(0.0001)^{-\frac{1}{4}}$　*(5)　$(0.125)^{-\frac{2}{3}}$

178　次の式を a^r の形に表せ。ただし，$a>0$ とする。　(教 p.118 練習 7)

(1)　$\sqrt[5]{2}$　*(2)　$\sqrt{3}$　*(3)　$\sqrt[4]{a^3}$

*(4)　$\dfrac{1}{\sqrt[3]{a}}$　(5)　$\dfrac{1}{\sqrt{a}}$　(6)　$\dfrac{1}{\sqrt[5]{a^2}}$

***179**　次の式を計算せよ。ただし，$a>0$，$b>0$ とする。　(教 p.119 練習 9)

(1)　$4^{\frac{2}{3}}\times4^{\frac{4}{3}}$　(2)　$3^{\frac{1}{3}}\div3^{-\frac{2}{3}}$　(3)　$(2^{-\frac{1}{2}})^6$

(4)　$a^{-\frac{1}{2}}\times a^{\frac{2}{3}}$　(5)　$(a^{\frac{3}{2}}b^0)^2$　(6)　$(a^{-\frac{2}{3}}b^{\frac{1}{2}})^2\times a^{\frac{1}{3}}$

180　次の式を計算せよ。ただし，$a>0$ とする。　(教 p.119 練習 9)

*(1)　$\sqrt{3}\times\sqrt[3]{3}\div\sqrt[6]{3}$　(2)　$\sqrt{2}\div\dfrac{1}{\sqrt[6]{2}}\times\sqrt[3]{2}$　*(3)　$\sqrt[5]{2\sqrt{2\sqrt[3]{2}}}$

*(4)　$\sqrt[6]{a^5}\times\sqrt[3]{a}\div\sqrt{a^3}$　(5)　$a\sqrt{a\sqrt{a}}\div\sqrt{a}$　(6)　$\sqrt[6]{a^3b}\div\sqrt[3]{ab}\times\sqrt[3]{ab^2}$

***181**　次の関数のグラフをかけ。また，漸近線の方程式を求めよ。(教 p.121 練習 10)

(1)　$y=4^x$　(2)　$y=\left(\dfrac{1}{4}\right)^x$　(3)　$y=2^{x+1}$

182　次の各組の数を小さい方から順に並べよ。　(教 p.122 練習 11)

(1)　3^{-1}，$3^{\frac{1}{2}}$，3^2，3^0　*(2)　0.9^2，0.9^{-1}，0.9^{-2}，1

(3)　$\sqrt[3]{8}$，$\sqrt[6]{8}$，$\sqrt[4]{8}$　*(4)　$\sqrt{2}$，$\sqrt[3]{4}$，$\sqrt[7]{8}$

＊183 次の方程式を解け。 (教 p.123 練習 12)

(1) $3^x = 81$　(2) $2^{x+2} = 128$　(3) $3^x = \frac{1}{243}$

(4) $9^x = 27$　(5) $(\sqrt{2})^x = 8$　(6) $3^{2x} = \sqrt[3]{9}$

＊184 次の不等式を解け。 (教 p.123 練習 12)

(1) $2^x > 16$　(2) $2^x < \frac{1}{8}$　(3) $\left(\frac{1}{3}\right)^x > \frac{1}{27}$

(4) $\left(\frac{1}{3}\right)^x \geqq 81$　(5) $4^x \leqq 8$　(6) $4^{x-1} \geqq \frac{1}{2\sqrt{2}}$

185 次の方程式を解け。 (教 p.123 練習 13)

(1) $(2^x)^2 - 5 \cdot 2^x + 4 = 0$　＊(2) $9^x - 6 \cdot 3^x - 27 = 0$

(3) $4^x - 3 \cdot 2^{x+1} - 16 = 0$　＊(4) $4^{x+1} + 3 \cdot 2^x - 1 = 0$

B

186 次の式を簡単にせよ。

＊(1) $4^{-\frac{3}{2}} \times 27^{\frac{1}{3}} \div 16^{-\frac{3}{2}}$　(2) $6^{\frac{1}{2}} \times 12^{-\frac{3}{4}} \div 9^{\frac{3}{8}}$

(3) $\sqrt[3]{54} + \sqrt[3]{16} - \sqrt[3]{2}$　＊(4) $\frac{8}{3}\sqrt[6]{9} + \sqrt[3]{-24} + \sqrt[3]{\frac{1}{9}}$

187 次の式を簡単にせよ。ただし，$a > 0$，$b > 0$ とする。

(1) $(a^{\frac{1}{4}} - b^{\frac{1}{4}})(a^{\frac{1}{4}} + b^{\frac{1}{4}})(a^{\frac{1}{2}} + b^{\frac{1}{2}})$

＊(2) $(a^{\frac{1}{3}} + b^{\frac{1}{3}})(a^{\frac{2}{3}} - a^{\frac{1}{3}}b^{\frac{1}{3}} + b^{\frac{2}{3}})$

例題 1 $a > 0$，$a^{\frac{1}{2}} + a^{-\frac{1}{2}} = 3$ とする。このとき，次の式の値を求めよ。

(1) $a + a^{-1}$　(2) $a^{\frac{3}{2}} + a^{-\frac{3}{2}}$

考え方 $A^2 + B^2 = (A+B)^2 - 2AB$，$A^3 + B^3 = (A+B)^3 - 3AB(A+B)$ を活用。

解 (1) 与式 $= (a^{\frac{1}{2}})^2 + (a^{-\frac{1}{2}})^2 = (a^{\frac{1}{2}} + a^{-\frac{1}{2}})^2 - 2 \times a^{\frac{1}{2}} \times a^{-\frac{1}{2}}$

$= 3^2 - 2 \times 1 = 7$

(2) 与式 $= (a^{\frac{1}{2}})^3 + (a^{-\frac{1}{2}})^3 = (a^{\frac{1}{2}} + a^{-\frac{1}{2}})^3 - 3 \times a^{\frac{1}{2}} \times a^{-\frac{1}{2}} \times (a^{\frac{1}{2}} + a^{-\frac{1}{2}})$

$= 3^3 - 3 \times 1 \times 3 = 18$

188 次の各式の値を求めよ。ただし，$a > 0$ とする。

(1) $a^{\frac{1}{2}} + a^{-\frac{1}{2}} = 2\sqrt{2}$ のとき，$a^{\frac{3}{2}} + a^{-\frac{3}{2}}$ の値

(2) $a^{2x} = 2$ のとき $\frac{a^{3x} + a^{-3x}}{a^x + a^{-x}}$ の値

＊189 次の計算をせよ。ただし，n は自然数とする。

(1) 2^n+2^n　(2) $3^{n+1}-3^n$　(3) $18\times 3^n+3^{n+2}$

＊190 次の関数のグラフをかけ。また，$y=3^x$ のグラフをどのように移動したものか，説明せよ。

(1) $y=9\cdot 3^x$　(2) $y=3^{x-1}+2$　(3) $y=3^{-x}$

(4) $y=-3^x$　(5) $y=3\cdot 3^{-x}$

191 次の関数のグラフをかけ。

＊(1) $y=2^x+3$　＊(2) $y=4\cdot 2^{x-1}-1$　(3) $y=4^{-x}$

＊192 次の各組の数を小さい方から順に並べよ。

(1) $\sqrt{3}$，$9^{\frac{1}{3}}$，$\sqrt[5]{27}$，$81^{-\frac{1}{7}}$，$\dfrac{1}{\sqrt[8]{243}}$　(2) $\sqrt{3}$，$\sqrt[3]{5}$，$\sqrt[4]{10}$，$\sqrt[6]{30}$

例題 2 $y=4^x-2^{x+2}+1$ の最大値・最小値を求めよ。

考え方 $2^x=t$ とおいて，t $(t>0)$ の関数として考える。

解 $y=4^x-2^{x+2}+1=(2^x)^2-4\cdot 2^x+1$

$2^x=t$ $(t>0)$ とおくと

$y=t^2-4t+1=(t-2)^2-3$

右のグラフより

$t=2$ のとき最小値をとり，このとき，

$2^x=2$ より $x=1$

よって，$x=1$ のとき最小値 -3

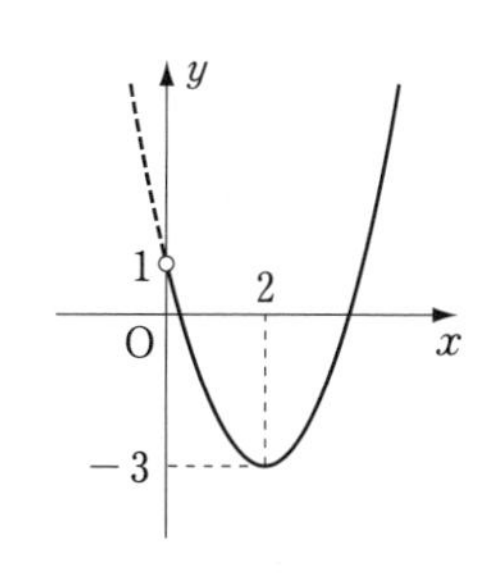

193 次の関数の最大値・最小値を求めよ。

＊(1) $y=9^x-2\cdot 3^x+2$　(2) $y=-4^x+2^{x+2}-1$

発展問題

194 $x=\dfrac{1}{2}(3^{\frac{1}{5}}-3^{-\frac{1}{5}})$ のとき，$(x+\sqrt{1+x^2})^5$ の値を求めよ。

195 正の数 a について，$f(x)=\dfrac{a^x-a^{-x}}{2}$，$g(x)=\dfrac{a^x+a^{-x}}{2}$ とするとき，次の等式が成り立つことを示せ。

(1) $\{g(x)\}^2-\{f(x)\}^2=1$　(2) $f(x+y)=f(x)g(y)+g(x)f(y)$

2 対数関数

◆◆◆要点◆◆◆

▶指数と対数 ―― $(a>0,\ a\neq 1,\ M>0)$

$$a^p=M \iff p=\log_a M$$

▶対数の法則 ―― $(a>0,\ a\neq 1,\ M>0,\ N>0,\ r$ は実数$)$

$$\log_a 1=0,\quad \log_a a=1$$

$$\log_a MN=\log_a M+\log_a N$$

$$\log_a \frac{M}{N}=\log_a M-\log_a N$$

$$\log_a M^r=r\times\log_a M$$

▶底の変換公式 ―― $(a>0,\ b>0,\ M>0,\ a\neq 1,\ b\neq 1)$

$$\log_a M=\frac{\log_b M}{\log_b a}$$

▶対数関数 ―― $y=\log_a x$ $(a>0,\ a\neq 1)$ のグラフ

$a>1$ のとき　　　　$0<a<1$ のとき

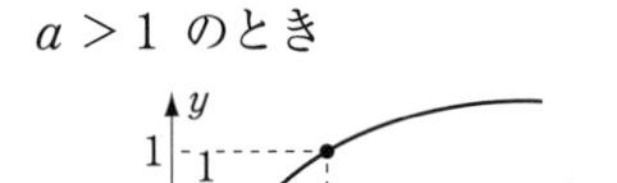
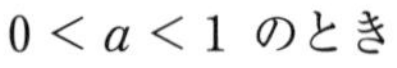
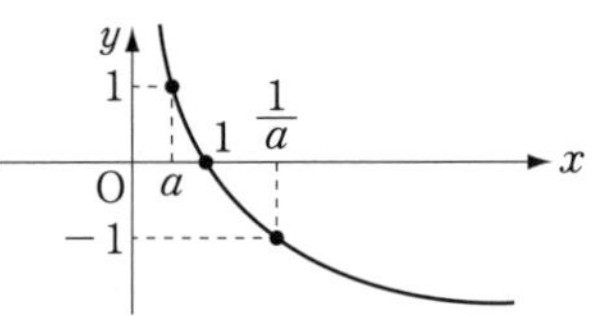

[1] 定義域は正の実数全体，値域は実数全体

[2] グラフは点 $(1,\ 0)$，$(a,\ 1)$ を通る。

[3] y 軸（直線 $x=0$）が漸近線

[4] $a>1$ のとき，単調増加 $(u<v \Longrightarrow \log_a u<\log_a v)$

$0<a<1$ のとき，単調減少 $(u<v \Longrightarrow \log_a u>\log_a v)$

[5] $y=\log_a x$ を，x 軸方向に p，y 軸方向に q 平行移動させたグラフの式は

$$y=\log_a(x-p)+q$$

▶常用対数 ―― 10を底とする対数：$\log_{10} M$ $(M>0)$

・$N\geqq 1$，N の整数部分が n 桁

$$\iff n-1\leqq \log_{10} N<n$$

・$0<N<1$，N の小数第 n 位にはじめて0以外の数字

$$\iff -n\leqq \log_{10} N<-n+1$$

A

196 次の等式を $p=\log_a M$ の形で表せ。 (教 p.126 練習 1)

*(1) $3^4=81$　(2) $8^{-\frac{4}{3}}=\frac{1}{16}$　(3) $3^0=1$

197 次の等式を $a^p=M$ の形で表せ。 (教 p.126 練習 2)

*(1) $\log_3 243=5$　(2) $\log_{\sqrt{2}} 8=6$　(3) $\log_9 \frac{1}{3}=-\frac{1}{2}$

198 次の対数の値を求めよ。 (教 p.126 練習 3-4)

*(1) $\log_2 8$　(2) $\log_{10} 1$　(3) $\log_{0.5} 4$

*(4) $\log_3 \frac{1}{9}$　(5) $\log_2 \sqrt[3]{2}$　*(6) $\log_{\sqrt{2}} \frac{1}{8}$

(7) $\log_{10} 0.0001$　*(8) $\log_{\frac{1}{3}} 27$　(9) $\log_{25} \sqrt{125}$

***199** 次の等式を満たす p，M，a の値をそれぞれ求めよ。 (教 p.126 練習 5)

(1) $\log_3 9\sqrt{3}=p$　(2) $\log_3 M=-3$

(3) $\log_8 M=\frac{2}{3}$　(4) $\log_a 81=4$

***200** 次の式を簡単にせよ。 (教 p.127 練習 7)

(1) $\log_2 5+\log_2 3$　(2) $\log_{10} 4+\log_{10} 25$

(3) $\log_3 63-\log_3 21$　(4) $\log_2 3-\log_2 24$

201 次の式を簡単にせよ。 (教 p.128 練習 8)

*(1) $\log_6 8+\log_6 \frac{9}{2}$　*(2) $\log_7(\sqrt{5}-2)+\log_7(\sqrt{5}+2)$

*(3) $\log_2 \sqrt{3}-\log_2 \sqrt{6}$　*(4) $2\log_3 6-\log_3 4$

(5) $\log_4 48-\log_4 18+\log_4 6$　(6) $\log_3 12+2\log_3 6-4\log_3 2$

202 $\log_{10} 2=a$，$\log_{10} 3=b$ とするとき，次の値を a，b で表せ。

(教 p.128 練習 9)

*(1) $\log_{10} 6$　*(2) $\log_{10} 24$　(3) $\log_{10} 72$

*(4) $\log_{10} \frac{2}{9}$　*(5) $\log_{10} \sqrt{12}$　(6) $\log_{10} 45$

203 底の変換公式を用いて，次の対数の値を求めよ。 (教 p.129 練習 10)

*(1) $\log_9 27$　*(2) $\log_{\frac{1}{2}} 16$　(3) $\log_{\sqrt{5}} \frac{1}{25}$

204 次の関数のグラフをかけ。また，定義域を求めよ。 (教 p.131 練習 12)

(1) $y=\log_4 x$　(2) $y=\log_{\frac{1}{4}} x$

＊205 次の関数のグラフをかけ。また，$y=\log_3 x$ のグラフをどのように移動したものか，説明せよ。

(1) $y=\log_3 3x$　(2) $y=\log_3(x-2)$　(3) $y=\log_{\frac{1}{3}} x$

(4) $y=\log_3(-x)$　(5) $y=\log_3 \dfrac{1}{x}$

206 次の各組の数を小さい方から順に並べよ。 (教 p.132 練習 13)

＊(1) $\log_2 \dfrac{1}{2}$，$\log_2 3$，$\log_2 5$　(2) $\log_{0.3} \dfrac{1}{2}$，$\log_{0.3} 3$，$\log_{0.3} 5$

＊(3) $\log_{\frac{1}{3}} 4$，$\log_2 4$，$\log_3 4$　(4) $\log_{\frac{1}{3}} \dfrac{1}{2}$，$\log_2 \dfrac{1}{2}$，$\log_3 \dfrac{1}{2}$

＊207 次の方程式を解け。 (教 p.133 練習 14)

(1) $\log_2 x=5$　(2) $\log_2 x=-3$　(3) $\log_{\frac{1}{4}} x=-2$

(4) $\log_{\frac{1}{4}}(x-1)=-2$　(5) $\log_{16}(3x+1)=\dfrac{1}{2}$

＊208 次の方程式を解け。 (教 p.133 練習 15)

(1) $\log_2(x+1)+\log_2(x-1)=3$　(2) $\log_2(x+1)(x-1)=3$

(3) $\log_3(x-3)+\log_3(2x+1)=2$　(4) $2\log_3 x=\log_3(x+2)$

209 次の不等式を解け。 (教 p.134 練習 16)

＊(1) $\log_2 x>5$　＊(2) $\log_{\frac{1}{6}} x<2$　(3) $\log_3 x \geqq -\dfrac{1}{2}$

(4) $\log_2 x \leqq 3$　(5) $\log_{\frac{1}{2}} x>3$　＊(6) $\log_{\frac{1}{3}}(x+2)<2$

210 常用対数表を用いて，次の対数の値を求めよ。 (教 p.135 練習 18)

(1) $\log_{10} 1.57$　(2) $\log_{10} 9.01$　(3) $\log_{10} 7$

211 $\log_{10} 1.23=0.0899$ とするとき，次の値を求めよ。 (教 p.135 練習 18)

(1) $\log_{10} 123$　(2) $\log_{10} 12300$　(3) $\log_{10} 0.0123$

212 $\log_{10} 2=0.3010$，$\log_{10} 3=0.4771$ とするとき，次の値を求めよ。

(教 p.135 練習 19)

(1) $\log_{10} 12$　(2) $\log_{10} 1.5$　(3) $\log_{10} 5$

(4) $\log_{10} 1.25$　(5) $\log_3 2$　(6) $\log_2 9$

B

***213**　次の計算をせよ。

(1) $\log_3 4 \cdot \log_4 9$　　(2) $\log_9 8 \cdot \log_4 81$

(3) $\log_3 7 \cdot \log_7 3$　　(4) $\dfrac{\log_2 25}{\log_4 5}$

(5) $\log_2 50 - \log_4 25 + \log_2 \dfrac{8}{5}$　　(6) $\log_2 3 \cdot \log_7 8 \cdot \log_{81} 49$

***214**　次の式を簡単にせよ。

(1) $\log_2 \sqrt{3} + 3\log_2 \sqrt{2} - \log_2 \sqrt{6}$

(2) $(\log_2 3 + \log_{16} 9)(\log_3 4 + \log_9 16)$

(3) $\dfrac{3}{2}\log_3 2 + \dfrac{1}{2}\log_3 \dfrac{1}{6} - \log_3 \dfrac{2\sqrt{3}}{3}$

215　次の方程式を解け。

(1) $\log_{10}(x+1) + \log_{10}(2-x) = \log_{10} x$

*(2) $\log_3(x^2-3x-4) = \log_3(7-x) + 1$

(3) $\log_2(x-1) + \log_4(x+4) = 1$　　*(4) $\log_3 x = \log_9(x+3) + \log_3 2$

216　次の不等式を解け。

*(1) $\log_2(x-2) + \log_2(x-3) < 1$　　(2) $\log_2(3-x) \leqq 1 + \log_2 x$

(3) $\log_3(x+1) < \log_9(x+3)$　　*(4) $\log_{\frac{1}{2}} x + \log_{\frac{1}{2}}(x-1) \leqq -1$

217　次の方程式，不等式を解け。

*(1) $(\log_3 x)^2 - \log_3 x^2 - 3 = 0$　　(2) $(\log_2 x)^2 - \log_2 x^2 - 8 > 0$

例題 3　関数 $y = (\log_2 x)^2 - 4\log_2 x + 3$ $(2 \leqq x \leqq 16)$ の最大値・最小値を求めよ。

考え方　$\log_a x = t$ とおいて，t の2次関数の最大・最小を求める。

解　$\log_2 x = t$ とおくと，$2 \leqq x \leqq 16$ より $1 \leqq t \leqq 4$

$y = t^2 - 4t + 3 = (t-2)^2 - 1$

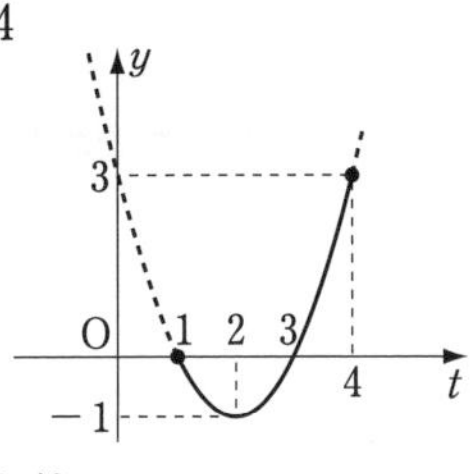

グラフより　$t = 4$ のとき最大となり

このとき，$\log_2 x = 4$ より $x = 16$

$t = 2$ のとき最小となり

このとき，$\log_2 x = 2$ より $x = 4$

よって　$x = 16$ のとき最大値 3，$x = 4$ のとき最小値 -1

＊218 次の関数の最大値と最小値を求めよ。

(1) $y=-(\log_2 x)^2+2\log_2 x+3 \quad (1 \leqq x \leqq 8)$

(2) $y=(\log_2 2x)(\log_2 8x) \quad \left(\frac{1}{16} \leqq x \leqq 1\right)$

例題 4 2^{25} の桁数と最高位の数を求めよ。
ただし，$\log_{10}2=0.3010$，$\log_{10}3=0.4771$ とする。

考え方 2^{25} の常用対数をとり，$2^{25}=10^r\times10^n$（r は小数，n は整数）の形で表す。桁数は 10^n から，最高位の数は 10^r から求まる。

解 $\log_{10}2^{25}=25\log_{10}2=25\times0.3010=7.5250$

これより　$10^7<2^{25}<10^8$　だから

2^{25} は 8 桁の数

また，$2^{25}=10^{7.5250}=10^{0.5250}\times10^7$

ここで，$\log_{10}4=2\log_{10}2=0.6020$　$\leftarrow 4=10^{0.6020}$

$\log_{10}3=0.4771$　$\leftarrow 3=10^{0.4771}$

よって，$10^{0.6020}<10^{0.5250}<10^{0.4771}$

ゆえに，　$3<10^{0.5250}<4$

したがって，最高位の数は 3

＊219 次の各数は何桁の数か求めよ。また，最高位の数はいくつか求めよ。ただし，$\log_{10}2=0.3010$，$\log_{10}3=0.4771$，$\log_{10}7=0.8451$ とする。

(1) 3^{50}　　(2) 7^{100}

＊220 次の各数は，小数第何位に初めて 0 でない数字が現れるか。
ただし，$\log_{10}2=0.3010$，$\log_{10}3=0.4771$ とする。

(1) $\left(\frac{1}{2}\right)^{30}$　　(2) 0.6^{15}

221 濃度 90%の水溶液 100 g がある。これから 10 g をくみ出して，かわりに真水 10 g を加える。この操作を繰り返して，濃度を 10%未満にするには，少なくとも何回操作を行えばよいか。ただし，$\log_{10}3=0.4771$ とする。

＊**222**　ある国の人口が1年間に2％の割合で減少し続けるとすると，この国の人口が初めて現在の人口の50％未満になるのは何年後か。
ただし，$\log_{10}2=0.3010$，$\log_{10}7=0.8451$ とする。

例題 5　$2^x=3^y=6^z$，$xyz \neq 0$ のとき，$\dfrac{1}{x}+\dfrac{1}{y}-\dfrac{1}{z}$ の値を求めよ。

考え方　$2^x=3^y=6^z$ の各辺の対数をとって一つの文字で表す。

解　$2^x=3^y=6^z$ の各辺の6を底とする対数をとると，←底は6以外でもよい

$\log_6 2^x=\log_6 3^y=\log_6 6^z$ より $x\log_6 2=y\log_6 3=z$

$x=\dfrac{z}{\log_6 2}$，$y=\dfrac{z}{\log_6 3}$ を与式に代入すると

$$\frac{1}{x}+\frac{1}{y}-\frac{1}{z}=\frac{\log_6 2}{z}+\frac{\log_6 3}{z}-\frac{1}{z}$$

$$=\frac{\log_6 2+\log_6 3-1}{z}=\frac{\log_6 6-1}{z}=0$$

（別解）　$2^x=3^y=6^z$ の10を底とする対数をとり，

$\log_{10}2^x=\log_{10}3^y=\log_{10}6^z=k$ とおくと

$x=\dfrac{k}{\log_{10}2}$，$y=\dfrac{k}{\log_{10}3}$，$z=\dfrac{k}{\log_{10}6}$

$$\frac{1}{x}+\frac{1}{y}-\frac{1}{z}=\frac{\log_{10}2}{k}+\frac{\log_{10}3}{k}-\frac{\log_{10}6}{k}=0$$

223　$3^x=5^y=15^5$ のとき，$\dfrac{1}{x}+\dfrac{1}{y}$ の値を求めよ。

発展問題

224　$a>0$，$b>0$ のとき，次の不等式が成り立つことを示せ。

$$(\log_{10}a)(\log_{10}b) \geqq \left(\log_{10}\sqrt{\frac{b}{a}}\right)\left(\log_{10}\sqrt{\frac{a}{b}}\right)$$

225　$a=5^{\log_{25}3}+1$ のとき，$4^{\log_2 a}$ の値を求めよ。

226　等式 $1-5\log_6 2=-m+n\log_6 3$ を満たす自然数 m，n を求めよ。

＊**227**　$\log_{10}50$ の小数部分を x とするとき，10^{1-x} の値を求めよ。

5章の問題

1 次の式を計算せよ。

(1) $\left\{\left(\dfrac{15}{2}\right)^{\frac{1}{2}}-\left(\dfrac{3}{10}\right)^{-\frac{1}{2}}\right\}^2$ (2) $(6^{\frac{2}{3}}+6^{-\frac{2}{3}}+1)(6^{\frac{1}{3}}-6^{-\frac{1}{3}})$

(3) $\sqrt[8]{25}\times\sqrt[3]{5}\div\sqrt[12]{5}$ (4) $\log_3\dfrac{1}{4}+2\log_9 12$

(5) $(\log_2 3+\log_{16}9)(\log_3 4+\log_9 16)$

2 $2^{2x}+2^{-2x}=5$ のとき，2^{2x} および 2^x の値を求めよ。

3 $\log_2 3=a$，$\log_3 7=b$ とするとき，次の値を a，b で表せ。

(1) $\log_2 7$ (2) $\log_{14}28$

4 次の式を簡単にせよ。

(1) $\log_4(\sqrt{2+\sqrt{3}}-\sqrt{2-\sqrt{3}})$

(2) $(\log_{10}2)^3+(\log_{10}5)^3+3\log_{10}2\cdot\log_{10}5$

5 次の値を求めよ。

(1) $2^{\log_2 7}$ (2) $3^{-2\log_3 2}$ (3) $4^{\log_2 3}$

6 $x=\log_2\sqrt{3+2\sqrt{2}}$ のとき，2^x+2^{-x}，4^x+4^{-x} の値を求めよ。

7 次の各組の数を小さい方から順に並べよ。

(1) 2^{40}，3^{30}，5^{20} (2) $\sqrt{3}$，$\sqrt[3]{6}$，$\sqrt[4]{12}$

(3) $\log_4 9$，$\log_9 25$，1.5 (4) $\log_2 3$，$\log_3 2$，$\log_4 8$

8 $1<a<b<a^2$ のとき，次の数の大小を比較せよ。

$$\log_a b,\ \log_b a,\ \log_a\frac{a}{b},\ \log_b\frac{b}{a},\ \frac{1}{2}$$

9 関数 $f(x)=4^x+4^{-x}-2^{2+x}-2^{2-x}+2$ について，次の問いに答えよ。

(1) $t=2^x+2^{-x}$ とおいて，$f(x)$ を t の式で表せ。

(2) t の値の範囲を求めよ。

(3) 関数 $f(x)$ の最小値とそのときの x の値を求めよ。

10 関数 $y=\log_2 x$ のグラフを C_1 とするとき，次の $\square$ に適する値を入れよ。

(1) 関数 $y=\log_2\dfrac{x}{4}$ のグラフは C_1 を y 軸方向に $\square$ だけ平行移動したものである。

(2) 関数 $y=\log_2(2x-p)$ のグラフが点 $(7,\ 3)$ を通るとき，$p=\square$ であり，このグラフは C_1 を x 軸方向に $\square$，y 軸方向に $\square$ だけ平行移動したものである。

(3) 関数 $y=\log_2\left(\dfrac{x}{2}+3\right)$ のグラフを C_2 とすると，C_2 は C_1 を x 軸方向に $\square$，y 軸方向に $\square$ だけ平行移動したもので，C_1 と C_2 の共有点の座標は（$\square$，$1+\log_2\square$）である。

11 次の関数の最大値，最小値を求めよ。

(1) $y=\left(\log_2\dfrac{x}{4}\right)\left(\log_4\dfrac{x}{2}\right)$

(2) $y=\log_2(-x^2+3x-2)$

(3) $y=\log_{\frac{1}{2}}(8x-x^2)$

12 次の方程式を解け。

(1) $4^{x+\frac{1}{2}}-2^x-6=0$

(2) $2^x-24\cdot 2^{-x}=5$

(3) $(\log_2 8x)(\log_2 2x)=3$

(4) $2^x=3^{x-1}$

(5) $\log_x 2+\log_{x^2} 4=8$

(6) $x^{2\log_3 x}=\dfrac{x^7}{27}$

13 次の不等式を解け。

(1) $9^x<3^{2x}\cdot 27^{x-1}$

(2) $\dfrac{1}{4}\leqq\left(\dfrac{1}{2}\right)^x\leqq 1$

(3) $\left(\dfrac{1}{9}\right)^x-\left(\dfrac{1}{3}\right)^x-6\geqq 0$

(4) $\log_3 x-3\log_x 9<-1$

(5) $4^{\log_2 x}-2^{\log_2 x}-2<0$

14 次の連立方程式を解け。

(1) $\begin{cases} 2^x+2^y=12 \\ 2^{x+y}=32 \end{cases}$

(2) $\begin{cases} \log_2 x=\log_4(y+3) \\ \log_2\dfrac{y}{x}=-1 \end{cases}$

1 三角比

◆◆◆要点◆◆◆

▶三角比 —— 右の直角三角形 ABC において

$$\sin A=\frac{a}{c},\ \cos A=\frac{b}{c},\ \tan A=\frac{a}{b}$$

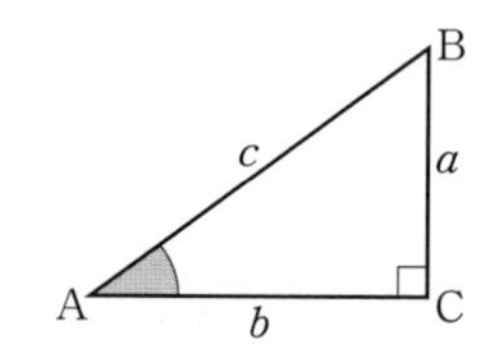

▶$90^\circ-A$ の三角比

$$\sin(90^\circ-A)=\cos A$$
$$\cos(90^\circ-A)=\sin A$$
$$\tan(90^\circ-A)=\frac{1}{\tan A}$$

▶$180^\circ-\theta$ の三角比

$$\sin(180^\circ-\theta)=\sin\theta$$
$$\cos(180^\circ-\theta)=-\cos\theta$$
$$\tan(180^\circ-\theta)=-\tan\theta$$

▶三角比の拡張

$$\sin\theta=\frac{y}{r},\ \cos\theta=\frac{x}{r},\ \tan\theta=\frac{y}{x}$$

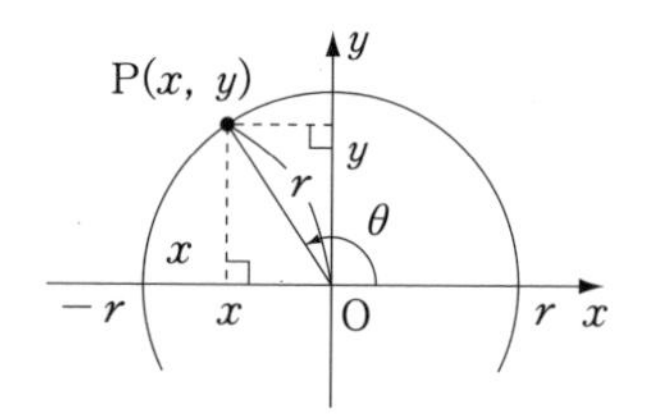

▶三角比の相互関係

$$\tan\theta=\frac{\sin\theta}{\cos\theta},\quad \sin^2\theta+\cos^2\theta=1,\quad 1+\tan^2\theta=\frac{1}{\cos^2\theta}$$

▶正弦定理

$$\frac{a}{\sin A}=\frac{b}{\sin B}=\frac{c}{\sin C}=2R$$

ただし，R は △ABC の外接円の半径

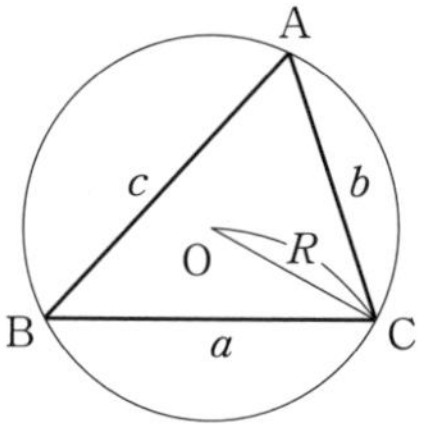

▶余弦定理

$$a^2=b^2+c^2-2bc\cdot\cos A \quad \to \cos A=\frac{b^2+c^2-a^2}{2bc}$$
$$b^2=c^2+a^2-2ca\cdot\cos B$$
$$c^2=a^2+b^2-2ab\cdot\cos C$$

▶三角形の面積

$$S=\frac{1}{2}bc\sin A=\frac{1}{2}ca\sin B=\frac{1}{2}ab\sin C$$

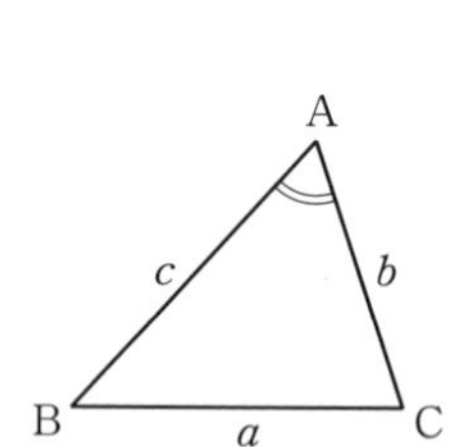

A

228 次の図において，$\angle$A，$\angle$B の三角比を求めよ。 (教 p.141 練習 1)

(1)
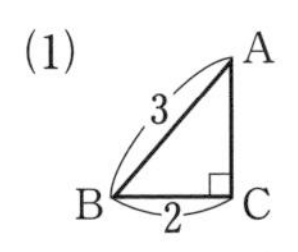

(2)
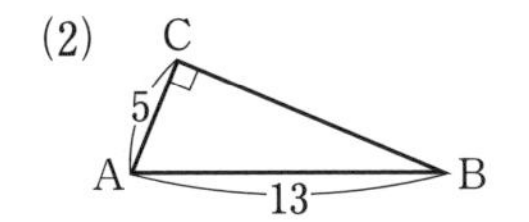

(3)
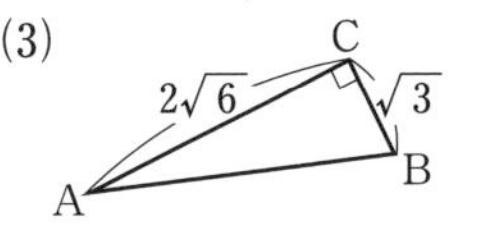

229 次の図において，$\sin A$，$\cos A$，$\tan A$ の値を求めよ。 (教 p.141 練習 1)

(1)
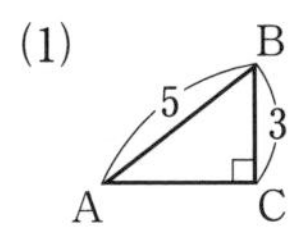

*(2)
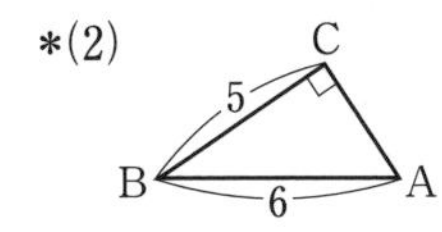

***230** 次の式の値を求めよ。 (教 p.141)

(1) $\cos 30^\circ + 2\sin 45^\circ \cos 45^\circ$　(2) $(\sin 60^\circ - \tan 45^\circ)(\cos 30^\circ + \tan 45^\circ)$

***231** 海面から 40 m の高さにある灯台から，海上に停泊している船を見下ろしたところ，俯角が 26° であった。船と灯台との距離は何 m か。$\tan 64^\circ = 2.0503$ として，小数第 1 位まで求めよ。 (教 p.142 練習 2-3)

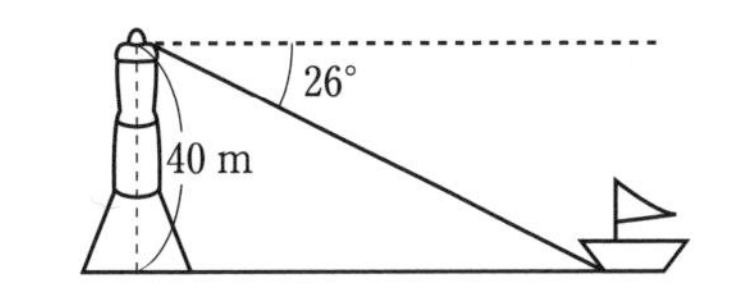

***232** 次の式の値を求めよ。 (教 p.143 練習 4)

(1) $\sin 20^\circ - \cos 70^\circ$　(2) $\tan 18^\circ \tan 72^\circ$

233 $0^\circ \leqq \theta \leqq 180^\circ$ とする。次の条件を満たす θ は鋭角，鈍角のどちらか。 (教 p.145)

(1) $\tan\theta < 0$　(2) $\sin\theta\cos\theta > 0$　(3) $\sin\theta\cos\theta < 0$

234 次の三角比を 45° 以下の三角比で表せ。 (教 p.146 練習 7)

(1) $\sin 155^\circ$　(2) $\cos 110^\circ$　(3) $\tan 105^\circ$

235 次の式の値を求めよ。 (教 p.146 練習 8)

(1) $\sin 150^\circ \cos 120^\circ$　*(2) $\sin 135^\circ \cos 45^\circ - \cos 135^\circ \sin 45^\circ$

*(3) $\sin 120^\circ \cos 135^\circ \tan 150^\circ$　(4) $2\cos 135^\circ \cos 150^\circ + \tan 120^\circ \cos 135^\circ$

＊236 次の等式を証明せよ。 (教 p.148 練習 10)

(1) $\cos\theta - \cos\theta\sin^2\theta = \cos^3\theta$

(2) $\tan\theta + \dfrac{1}{\tan\theta} = \dfrac{1}{\sin\theta\cos\theta}$　(3) $\dfrac{\cos\theta}{1-\sin\theta} + \dfrac{1-\sin\theta}{\cos\theta} = \dfrac{2}{\cos\theta}$

237 $\sin\theta$, $\cos\theta$, $\tan\theta$ のうちの 1 つが次のように与えられたとき，他の 2 つの値を求めよ。 (教 p.149 練習 11-12)

(1) $\sin\theta = \dfrac{1}{5}$ $(0° < \theta < 90°)$　(2) $\cos\theta = \dfrac{2}{3}$ $(0° < \theta < 180°)$

＊(3) $\sin\theta = \dfrac{2}{7}$ $(0° < \theta < 180°)$　＊(4) $\tan\theta = -\sqrt{5}$ $(0° < \theta < 180°)$

238 △ABC において，次の値を求めよ。 (教 p.151 練習 13)

＊(1) $a = 6$，$A = 30°$，$B = 45°$ のとき　：　b，外接円の半径 R

(2) $a = 5$，外接円の半径 $R = 5$ のとき　：　$\sin A$

＊(3) $b = \sqrt{6}$，$c = 2$，$C = 45°$ のとき　：　B，外接円の半径 R

＊239 次の図において，x，y，R を求めよ。 (教 p.151 練習 13，p.153 練習 15)

(1)

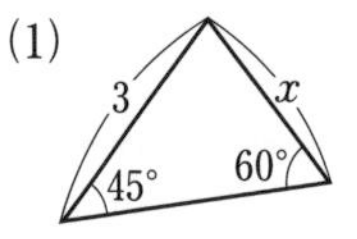

(2)

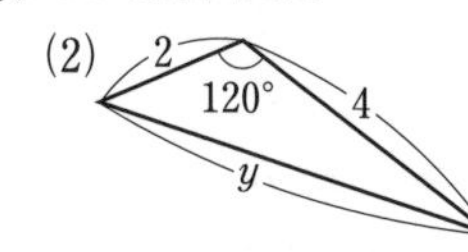

(3)

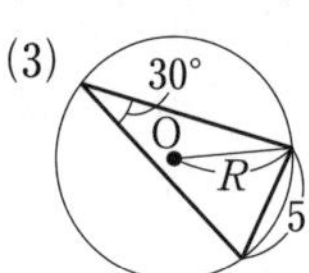

240 △ABC において，次の値を求めよ。 (教 p.153 練習 15-16)

＊(1) $a = 2$，$b = 3$，$C = 60°$ のとき　：　c

＊(2) $a = 2$，$b = \sqrt{6}$，$c = 1 + \sqrt{3}$ のとき　：　$\cos A$

(3) $a = 5$，$b = 7$，$c = 3$ のとき　：　最大の角の大きさ

241 次の△ABC の面積 S を求めよ。 (教 p.154 練習 18-19)

＊(1) $b = 7$，$c = 4$，$A = 45°$　＊(2) $a = 3$，$b = 4\sqrt{3}$，$C = 120°$

(3) $a = 4$，$b = 5$，$A = 15°$，$B = 45°$

＊242 △ABC において，$a = 6$，$b = 4$，$c = 5$ のとき，次の値を求めよ。

(1) $\cos A$　(2) $\sin A$　(3) △ABC の面積 S (教 p.155 練習 20)

243 次の平行四辺形 ABCD の面積を求めよ。 (教 p.154 練習 18)

(1) AB $= 3$，BC $= 5$，∠ABC $= 60°$

＊(2) AC $= 6$，BD $= 8$，AC と BD の交角が $30°$

B

244　次の図において，x，y，z の長さを求めよ。

(1)

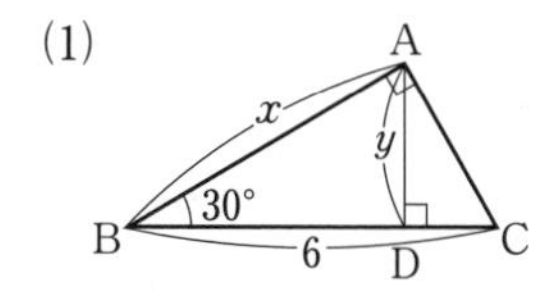

(2)

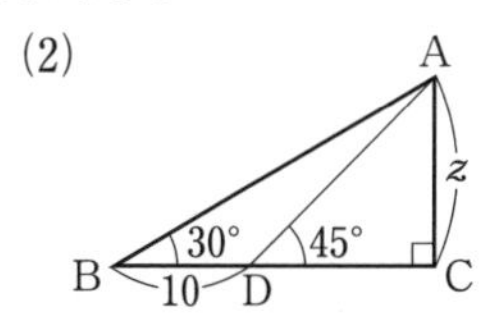

***245**　地上で 2 km 離れた A，B 地点から，同時に飛行機を見たら，A からは北方に仰角 30°，B からは西方に仰角 60° であった。飛行機の高さはいくらか。

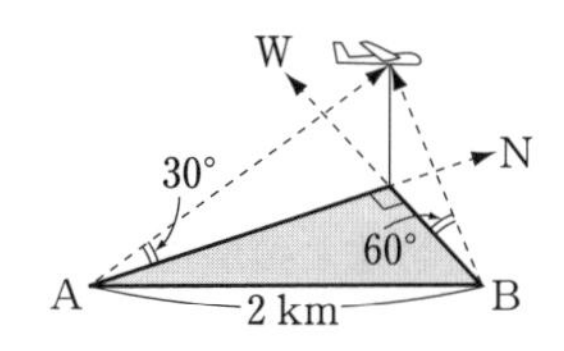

246　傾きが 30° の斜面がある。この斜面をまっすぐに登らないで，右に 45° の方向に 100 m 歩くと，鉛直方向に何 m 登ったことになるか。

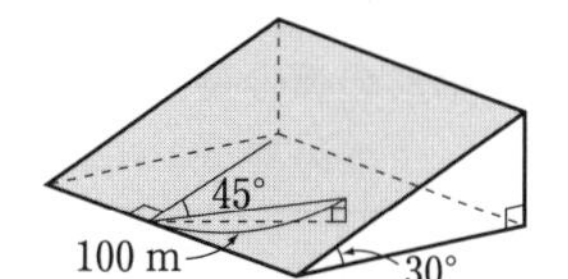

247　右の図のような直角三角形 ABC において，辺 BC 上に AD = 6 となるような点 D をとり，∠ADB = θ とする。$\sin\theta = \dfrac{3}{4}$ であるとき，AC，CD の長さを求めよ。

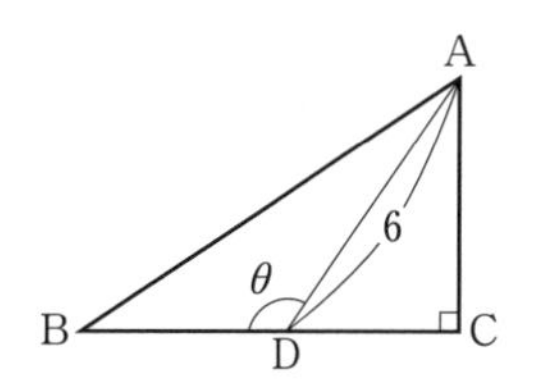

***248**　$\sin\theta + \cos\theta = \dfrac{1}{5}$ $(0° < \theta < 180°)$ のとき，次の値を求めよ。

(1)　$\sin\theta\cos\theta$　　(2)　$\sin^3\theta + \cos^3\theta$　　(3)　$\sin\theta - \cos\theta$

***249**　$0° \leqq \theta < 180°$ のとき，次の問いに答えよ。

(1)　$\sin\theta = \cos^2\theta$ のとき，$\sin\theta$ の値を求めよ。

(2)　$\sin\theta + \cos\theta = \dfrac{1}{2}$ のとき，$\sin\theta$ の値を求めよ。

250　次の △ABC において，残りの辺と角を求めよ。

*(1)　$a = \sqrt{6}$，$b = 1 + \sqrt{3}$，$C = 45°$

(2)　$b = \sqrt{2}$，$B = 45°$，$C = 120°$

2-1 三角関数(1)

◆◆◆要点◆◆◆

▶一般角

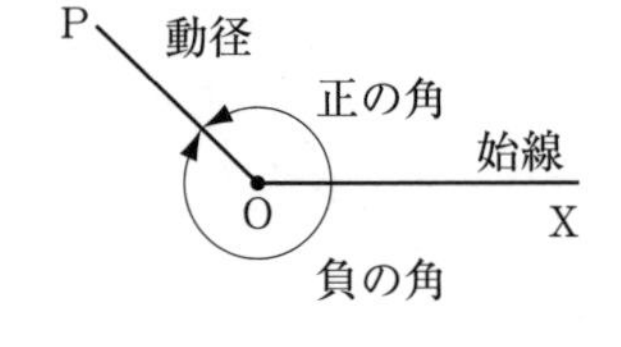

・正の角：動径 OP が，時計の針と逆向きに回転したときの角

負の角：動径 OP が，時計の針と同じ向きに回転したときの角

・角 α の動径が表す一般角 θ

$$\theta = \alpha + 360^\circ \times n, \qquad \theta = \alpha + 2n\pi$$

（α：動径 OP と始線 OX のなす角，n は整数）

▶度数法と弧度法

$$180^\circ = \pi \text{ ラジアン}, \qquad 1 \text{ ラジアン} = \frac{180^\circ}{\pi} \fallingdotseq 57.2958^\circ$$

▶扇形の弧の長さと面積 —— 半径 r，中心角 θ ラジアンの扇形において

弧の長さ　$l = r\theta$

面積　$S = \dfrac{1}{2}r^2\theta = \dfrac{1}{2}rl$

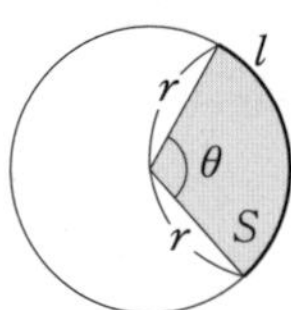

▶三角関数の定義

$$\sin\theta = \frac{y}{r}, \quad \cos\theta = \frac{x}{r}, \quad \tan\theta = \frac{y}{x}$$

$$-1 \leqq \sin\theta \leqq 1, \quad -1 \leqq \cos\theta \leqq 1$$

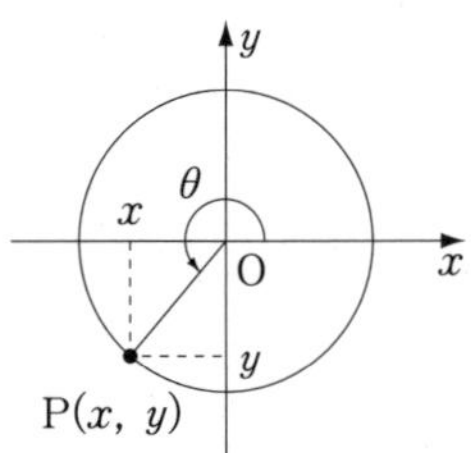

▶三角関数の相互関係

$$\sin^2\theta + \cos^2\theta = 1, \qquad \tan\theta = \frac{\sin\theta}{\cos\theta}, \qquad 1 + \tan^2\theta = \frac{1}{\cos^2\theta}$$

▶三角関数の性質

$$\begin{cases} \sin(\theta + 2n\pi) = \sin\theta \\ \cos(\theta + 2n\pi) = \cos\theta \\ \tan(\theta + 2n\pi) = \tan\theta \end{cases} \qquad \begin{cases} \sin(-\theta) = -\sin\theta \\ \cos(-\theta) = \cos\theta \\ \tan(-\theta) = -\tan\theta \end{cases}$$

$$\begin{cases} \sin(\pi \pm \theta) = \mp\sin\theta \\ \cos(\pi \pm \theta) = -\cos\theta \\ \tan(\pi \pm \theta) = \pm\tan\theta \end{cases}$$

（複号同順）

$$\begin{cases} \sin\left(\dfrac{\pi}{2} \pm \theta\right) = \cos\theta \\ \cos\left(\dfrac{\pi}{2} \pm \theta\right) = \mp\sin\theta \\ \tan\left(\dfrac{\pi}{2} \pm \theta\right) = \mp\dfrac{1}{\tan\theta} \end{cases}$$

（複号同順）

A

251　次の角の動径を図示し，動径の表す角を $\alpha+360^\circ\times n$ （$0^\circ \leqq \alpha < 360^\circ$，$n$ は整数）の形で表せ。また，第何象限の角であるか答えよ。

（教 p.159 練習 2）

(1)　660°　(2)　1180°　(3)　-120°　(4)　-700°

252　次の度数法で表された角を弧度法で，弧度法で表された角を度数法で表せ。

（教 p.160 練習 3-4）

(1)　30°　(2)　135°　(3)　270°　(4)　-300°

(5)　$\dfrac{2}{3}\pi$　(6)　$\dfrac{11}{6}\pi$　(7)　$\dfrac{\pi}{15}$　(8)　$-\dfrac{7}{12}\pi$

253　半径 12 cm，中心角 $\dfrac{\pi}{3}$ の扇形の弧の長さと面積を求めよ。

（教 p.160 練習 5）

***254**　半径 2 cm，弧の長さ 6 cm の扇形の中心角を弧度法で求めよ。また，この扇形の面積を求めよ。

（教 p.160 練習 5）

***255**　θ が次の値のとき，$\sin\theta$，$\cos\theta$，$\tan\theta$ の値を求めよ。

（教 p.161 練習 7）

(1)　$\dfrac{\pi}{4}$　(2)　$-\dfrac{5}{6}\pi$　(3)　$\dfrac{3}{2}\pi$

***256**　次の値を求めよ。

（教 p.161 練習 7）

(1)　$\cos\dfrac{\pi}{6}$　(2)　$\sin\dfrac{7}{3}\pi$　(3)　$\tan\dfrac{3}{4}\pi$

(4)　$\cos\left(-\dfrac{9}{4}\pi\right)$　(5)　$\tan\dfrac{17}{6}\pi$　(6)　$\sin\pi$

257　次の条件を満たす角 θ は第何象限の角か。

（教 p.162 練習 8）

*(1)　$\cos\theta < 0$，$\tan\theta < 0$　*(2)　$\sin\theta < 0$，$\tan\theta < 0$

(3)　$\sin\theta\cdot\cos\theta < 0$

258　次の問いに答えよ。

（教 p.163 練習 9-10）

*(1)　θ が第 2 象限の角で $\sin\theta=\dfrac{3}{5}$ のとき，$\cos\theta$，$\tan\theta$ の値を求めよ。

(2)　$\pi < \theta < \dfrac{3}{2}\pi$ で $\cos\theta=-\dfrac{5}{13}$ のとき，$\sin\theta$，$\tan\theta$ の値を求めよ。

*(3)　θ が第 4 象限の角で $\tan\theta=-3$ のとき，$\sin\theta$，$\cos\theta$ の値を求めよ。

B

259 θ が第3象限の角のとき，次の角は第何象限となるか。

(1) 2θ　　(2) $\dfrac{\theta}{2}$

260 次の等式を証明せよ。

(1) $(\sin\theta+\cos\theta)^2=1+2\sin\theta\cos\theta$

*(2) $(1-\sin^2\theta)(1+\tan^2\theta)=1$

(3) $\dfrac{\cos\theta}{\sin\theta}+\dfrac{\sin\theta}{\cos\theta}=\dfrac{1}{\sin\theta\cos\theta}$　　*(4) $\dfrac{\sin^2\theta}{\tan^2\theta-\sin^2\theta}=\dfrac{1}{\tan^2\theta}$

***261** 半径1の円がある。右図のように2直線PA, PBがこの円に接している。このとき，次の問いに答えよ。

(1) 劣弧ABの長さ l を求めよ。

(2) 灰色部分の面積 S を求めよ。

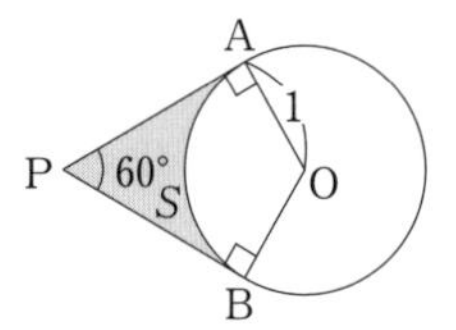

***262** $\sin\theta+\cos\theta=\dfrac{1}{3}$ のとき，次の各式の値を求めよ。

(1) $\sin\theta\cos\theta$　　(2) $\sin^3\theta+\cos^3\theta$

(3) $\sin\theta-\cos\theta$　　(4) $\tan\theta+\dfrac{1}{\tan\theta}$

263 次の式を簡単にせよ。

*(1) $\sin\left(\dfrac{\pi}{2}+\theta\right)+\cos\left(\dfrac{\pi}{2}+\theta\right)+\sin(\pi-\theta)+\cos(\pi-\theta)$

(2) $\sin\left(\dfrac{\pi}{2}-\theta\right)\cos(\pi-\theta)-\cos\left(\dfrac{\pi}{2}-\theta\right)\sin(\pi-\theta)$

264 次の問いに答えよ。

(1) $\cos\theta=-\dfrac{3}{5}$ のとき，$\sin\theta$ と $\tan\theta$ の値を求めよ。

(2) $\tan\theta=-\sqrt{2}$ のとき，$\sin\theta$ と $\cos\theta$ の値を求めよ。

265 $\tan\theta=2$ のとき，$\dfrac{1-\sin\theta}{\cos\theta}+\dfrac{\cos\theta}{1-\sin\theta}$ の値を求めよ。$\left(0<\theta<\dfrac{\pi}{2}\right)$

発展問題

266 $\sin x+\sin y=\dfrac{2}{3}$，$\cos x\cos y=\dfrac{1}{2}$ のとき，$\sin x\sin y$ の値を求めよ。

2-2 三角関数(2)

◆◆◆要点◆◆◆

▶三角関数のグラフ

$y=\sin\theta$

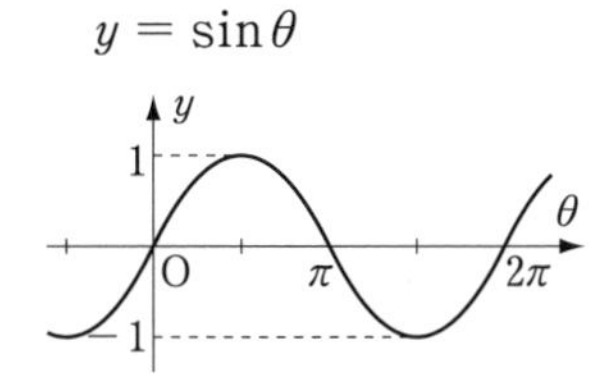

原点に関して対称

周期　2π

値域　$-1 \leqq y \leqq 1$

$y=\cos\theta$

y 軸に関して対称

周期　2π

値域　$-1 \leqq y \leqq 1$

$y=\tan\theta$

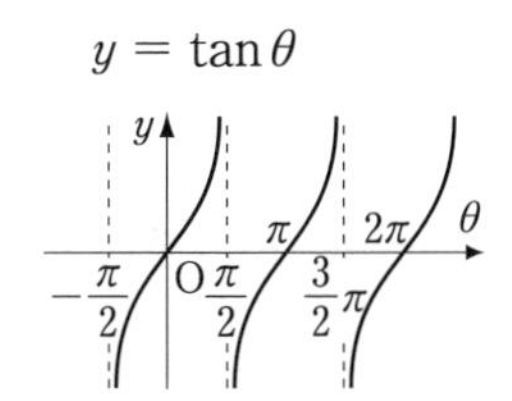

原点に関して対称

周期　π

漸近線　$x=\dfrac{\pi}{2}+n\pi$

▶三角関数のグラフの平行移動

$y=\sin(a\theta-b)=\sin a\left(\theta-\dfrac{b}{a}\right)$ のグラフは,

$y=\sin a\theta$ のグラフを x 軸方向に $\dfrac{b}{a}$ 平行移動

▶逆三角関数

$$x=\mathrm{Sin}^{-1}a \iff \sin x=a,\ -\frac{\pi}{2} \leqq x \leqq \frac{\pi}{2}$$

$$x=\mathrm{Cos}^{-1}a \iff \cos x=a,\ 0 \leqq x \leqq \pi$$

$$x=\mathrm{Tan}^{-1}a \iff \tan x=a,\ -\frac{\pi}{2} < x < \frac{\pi}{2}$$

A

267　次の関数の周期と値域を求め，そのグラフをかけ。　(教 p.169 練習 14)

*(1)　$y=3\sin\theta$　　*(2)　$y=-\cos\theta$　　*(3)　$y=\dfrac{1}{2}\tan\theta$

(4)　$y=-2\sin\theta$　　(5)　$y=\dfrac{1}{2}\cos\theta$　　(6)　$y=-\tan\theta$

268　次の関数のグラフをかけ。　(教 p.169 練習 15)

(1)　$y=\sin\left(\theta-\dfrac{\pi}{4}\right)$　　*(2)　$y=\cos\left(\theta-\dfrac{\pi}{3}\right)$

*(3)　$y=-\tan\left(\theta-\dfrac{\pi}{4}\right)$　　*(4)　$y=2\sin\left(\theta+\dfrac{\pi}{6}\right)$

＊269 次の関数の周期と値域を求め，そのグラフをかけ。 (教 p.170 練習 16-17)

(1) $y=\sin 2\theta$　(2) $y=\cos 2\theta$　(3) $y=2\cos\dfrac{\theta}{2}$

(4) $y=\tan\dfrac{1}{2}\theta$　(5) $y=2\tan\dfrac{1}{3}\theta$　(6) $y=\sin\left(-\dfrac{\theta}{2}\right)$

＊270 右図は，$y=A\sin B\theta$ のグラフである。
$A\sim E$ の値を求めよ。 (教 p.170 練習 16-17)

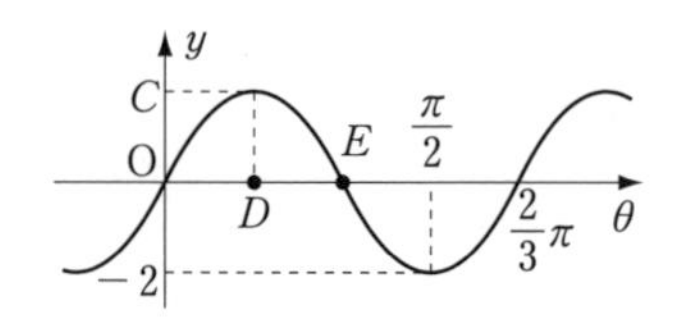

271 $0\leqq\theta<2\pi$ のとき，次の方程式を解け。 (教 p.171 練習 18)

(1) $\sin\theta=\dfrac{\sqrt{3}}{2}$　(2) $\cos\theta=-\dfrac{1}{\sqrt{2}}$　(3) $\tan\theta=-\sqrt{3}$

＊(4) $\sin\theta=0$　＊(5) $\cos\theta=1$　＊(6) $\tan\theta=1$

＊(7) $2\sin\theta=-1$　＊(8) $2\cos\theta-\sqrt{3}=0$　＊(9) $\sqrt{3}\tan\theta-1=0$

272 $0\leqq\theta<2\pi$ のとき，次の不等式を解け。 (教 p.172 練習 19)

＊(1) $\sin\theta\geqq\dfrac{1}{2}$　＊(2) $\cos\theta<-\dfrac{\sqrt{3}}{2}$　＊(3) $\tan\theta\geqq 1$

(4) $\sin\theta<\dfrac{\sqrt{3}}{2}$　(5) $\cos\theta>\dfrac{1}{\sqrt{2}}$　＊(6) $\tan\theta+1<0$

＊(7) $\sqrt{2}\sin\theta<-1$　＊(8) $2\cos\theta+1\geqq 0$　(9) $\tan\theta<\sqrt{3}$

273 次の方程式の一般解を求めよ。 (教 p.159 練習 2，p.172 練習 19)

(1) $\cos\theta=\dfrac{\sqrt{3}}{2}$　＊(2) $\sin\theta=\dfrac{1}{2}$　＊(3) $\tan\theta=-\dfrac{1}{\sqrt{3}}$

274 次の値を求めよ。 (教 p.174 練習 20)

(1) $\mathrm{Cos}^{-1}\left(\dfrac{\sqrt{3}}{2}\right)$　(2) $\mathrm{Tan}^{-1}\sqrt{3}$　(3) $\mathrm{Sin}^{-1}\left(-\dfrac{1}{\sqrt{2}}\right)$

(4) $\mathrm{Cos}^{-1}\left(-\dfrac{1}{2}\right)$　(5) $\mathrm{Tan}^{-1}1$　(6) $\mathrm{Sin}^{-1}(-1)$

(7) $\mathrm{Cos}^{-1}1$　(8) $\mathrm{Tan}^{-1}0$

275 次の関数は，偶関数，奇関数，どちらでもないのいずれであるか。
(教 p.99 練習 1)

(1) $y=\cos 2\theta$　(2) $y=3\sin\theta$　(3) $y=-\tan\theta$

(4) $y=\sin\dfrac{\theta}{2}$　(5) $y=\cos\left(\theta-\dfrac{\pi}{4}\right)$　(6) $f(\theta)=\tan(\pi-\theta)$

B

276 次の関数の周期を求め，そのグラフをかけ。

(1) $y=\sin\left(2\theta-\dfrac{\pi}{3}\right)$　　(2) $y=2\cos\left(3\theta+\dfrac{\pi}{2}\right)$

*(3) $y=\tan\left(\dfrac{\theta}{2}-\dfrac{\pi}{3}\right)$　　*(4) $y=2\sin\left(2\theta+\dfrac{\pi}{4}\right)+1$

277 $0\leqq\theta<2\pi$ のとき，次の方程式を解け。

(1) $\sin\left(\theta+\dfrac{\pi}{3}\right)=\dfrac{1}{2}$　　(2) $\cos\left(\theta-\dfrac{\pi}{6}\right)=\dfrac{\sqrt{3}}{2}$

(3) $\tan\left(\theta+\dfrac{\pi}{6}\right)=-1$　　(4) $2\sin\left(\theta-\dfrac{\pi}{3}\right)=-1$

*(5) $\sin\left(2\theta-\dfrac{\pi}{3}\right)=-\dfrac{\sqrt{3}}{2}$　　*(6) $\tan\left(2\theta+\dfrac{\pi}{4}\right)=\sqrt{3}$

278 $0\leqq\theta<2\pi$ のとき，次の不等式を解け。

(1) $2\cos\left(\theta-\dfrac{\pi}{3}\right)\leqq\sqrt{3}$　　*(2) $\sqrt{3}\tan\left(\theta+\dfrac{\pi}{4}\right)>1$

(3) $\sin\left(2\theta-\dfrac{\pi}{6}\right)>\dfrac{1}{\sqrt{2}}$　　*(4) $2\cos\left(2\theta+\dfrac{\pi}{4}\right)<\sqrt{3}$

例題 1　$0\leqq\theta<2\pi$ のとき，不等式 $2\sin^2\theta+\sin\theta-1<0$ を解け。

考え方　**$\sin\theta$ の2次不等式として，$\sin\theta$ の値の範囲を求める。$0\leqq\theta<2\pi$ のとき $-1\leqq\sin\theta\leqq1$ であることに注意する。**

解　$2\sin^2\theta+\sin\theta-1<0$

$(\sin\theta+1)(2\sin\theta-1)<0$

$\therefore\quad -1<\sin\theta<\dfrac{1}{2}$

$\sin\theta=-1$ のとき $\theta=\dfrac{3}{2}\pi$

$\sin\theta=\dfrac{1}{2}$ のとき $\theta=\dfrac{\pi}{6},\ \dfrac{5}{6}\pi$

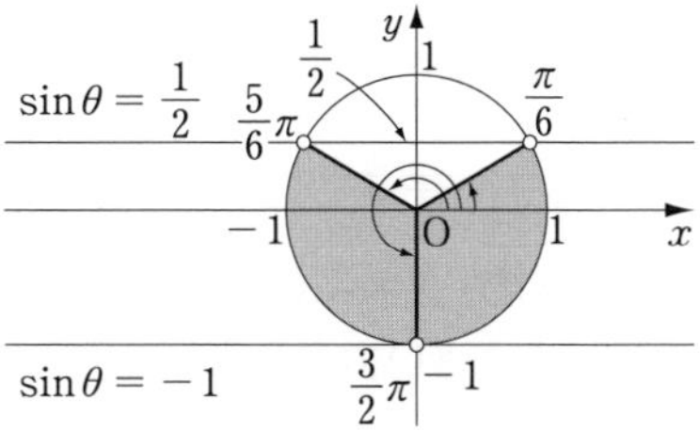

右の図より　$0\leqq\theta<\dfrac{5}{6},\ \dfrac{5}{6}\pi<\theta<\dfrac{3}{2}\pi,\ \dfrac{3}{2}\pi<\theta<2\pi$

279 $0\leqq\theta<2\pi$ のとき，次の方程式，不等式を解け。

(1) $2\sin^2\theta-\sin\theta=0$　　*(2) $2\sin^2\theta-3\cos\theta=0$

*(3) $2\cos^2\theta-5\sin\theta-4<0$　　(4) $2\sin^2\theta+3\cos\theta-3\geqq0$

例題 2 関数 $y=\cos^2\theta-\sin\theta$ $(0 \leqq \theta < 2\pi)$ の最大値，最小値を求めよ。

考え方 $\sin\theta=t$ とおいて，t の2次関数として考える。このとき，t の変域に注意する。

解 $y=(1-\sin^2\theta)-\sin\theta=-\sin^2\theta-\sin\theta+1$

$\sin\theta=t$ とすると　$y=-t^2-t+1$

$$=-\left(t+\frac{1}{2}\right)^2+\frac{5}{4}$$

$0 \leqq \theta < 2\pi$ より　$-1 \leqq t \leqq 1$

グラフより，$t=-\frac{1}{2}$ のとき最大値 $\frac{5}{4}$，

$t=1$ のとき最小値 -1

よって　$\theta=\frac{7}{6}\pi,\ \frac{11}{6}\pi$ のとき最大値 $\frac{5}{4}$，

$\theta=\frac{\pi}{2}$ のとき最小値 -1

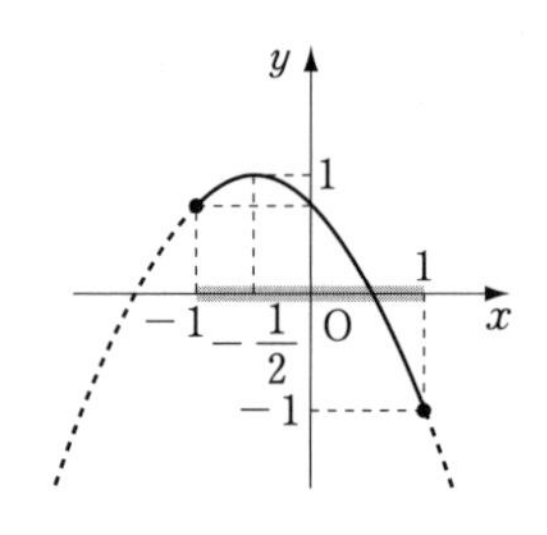

280 次の関数の最大値，最小値を求めよ。また，そのときの θ の値を求めよ。

*(1) $y=\sin\theta-1$ $(0 \leqq \theta < 2\pi)$

*(2) $y=\cos\theta+2$ $(0 \leqq \theta < 2\pi)$

(3) $y=\cos\theta$ $\left(\frac{\pi}{3} \leqq \theta \leqq \frac{4}{3}\pi\right)$

(4) $y=\sin\left(\theta-\frac{\pi}{3}\right)$ $\left(\frac{\pi}{6} \leqq \theta \leqq \frac{4}{3}\pi\right)$

*(5) $y=\sin^2\theta-\sin\theta+1$ $(0 \leqq \theta < 2\pi)$

(6) $y=\cos^2\theta-\sqrt{3}\sin\theta$ $(0 \leqq \theta < 2\pi)$

発展問題

281 関数 $y=\sin\theta$ のグラフを考えて，4つの数 $\sin 0$，$\sin 1$，$\sin 2$，$\sin 3$ を小さい方から順に並べよ。

282 $0 \leqq \theta < 2\pi$ のとき，2次方程式 $x^2-2x\sin\theta-\frac{3}{2}\cos\theta=0$ が2つの正の実数解をもつための θ の範囲を求めよ。

283 $0 \leqq \theta < 2\pi$ のとき，関数 $f(\theta)=2-\cos^2\theta-2a\sin\theta$ の最小値を求めよ。ただし，a は正とする。

3 三角関数の加法定理

◆◆◆要点◆◆◆

▶加法定理

$$\sin(\alpha\pm\beta)=\sin\alpha\cos\beta\pm\cos\alpha\sin\beta$$
$$\cos(\alpha\pm\beta)=\cos\alpha\cos\beta\mp\sin\alpha\sin\beta$$
$$\tan(\alpha\pm\beta)=\frac{\tan\alpha\pm\tan\beta}{1\mp\tan\alpha\tan\beta}\quad\text{（複号同順）}$$

▶２倍角の公式

$$\sin 2\alpha=2\sin\alpha\cos\alpha$$
$$\cos 2\alpha=\cos^2\alpha-\sin^2\alpha=2\cos^2\alpha-1=1-2\sin^2\alpha$$
$$\tan 2\alpha=\frac{2\tan\alpha}{1-\tan^2\alpha}$$

▶半角の公式

$$\sin^2\frac{\alpha}{2}=\frac{1-\cos\alpha}{2},\quad \cos^2\frac{\alpha}{2}=\frac{1+\cos\alpha}{2},\quad \tan^2\frac{\alpha}{2}=\frac{1-\cos\alpha}{1+\cos\alpha}$$

▶積を和・差に直す公式

$$\sin\alpha\cos\beta=\frac{1}{2}\{\sin(\alpha+\beta)+\sin(\alpha-\beta)\}$$
$$\cos\alpha\sin\beta=\frac{1}{2}\{\sin(\alpha+\beta)-\sin(\alpha-\beta)\}$$
$$\cos\alpha\cos\beta=\frac{1}{2}\{\cos(\alpha+\beta)+\cos(\alpha-\beta)\}$$
$$\sin\alpha\sin\beta=-\frac{1}{2}\{\cos(\alpha+\beta)-\cos(\alpha-\beta)\}$$

▶和・差を積に直す公式

$$\sin A+\sin B=2\sin\frac{A+B}{2}\cos\frac{A-B}{2}$$
$$\sin A-\sin B=2\cos\frac{A+B}{2}\sin\frac{A-B}{2}$$
$$\cos A+\cos B=2\cos\frac{A+B}{2}\cos\frac{A-B}{2}$$
$$\cos A-\cos B=-2\sin\frac{A+B}{2}\sin\frac{A-B}{2}$$

▶三角関数の合成

$$a\sin\theta+b\cos\theta=\sqrt{a^2+b^2}\sin(\theta+\alpha)$$

ただし，$\cos\alpha=\dfrac{a}{\sqrt{a^2+b^2}}$，$\sin\alpha=\dfrac{b}{\sqrt{a^2+b^2}}$

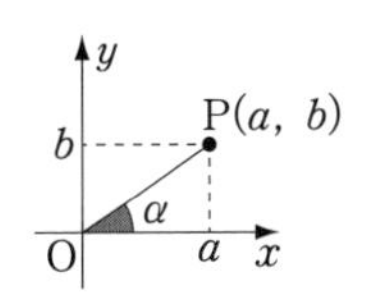

A

284 次の値を求めよ。 (教 p.178 練習 1)

(1) $\sin 105^\circ$　(2) $\cos 15^\circ$　(3) $\tan 15^\circ$

(4) $\sin\frac{\pi}{12}$　(5) $\cos\frac{11}{12}\pi$　(6) $\tan\frac{7}{12}\pi$

＊285 α は第1象限，β は第3象限の角で $\sin\alpha=\frac{2}{3}$，$\cos\beta=-\frac{5}{13}$ のとき，$\cos\alpha$，$\sin\beta$，$\cos(\alpha+\beta)$ の値を求めよ。 (教 p.178 練習 2)

＊286 α が鋭角，β が鈍角で $\sin\alpha=\frac{4}{5}$，$\cos\beta=-\frac{12}{13}$ のとき，次の値を求めよ。

(1) $\sin(\alpha-\beta)$　(2) $\cos(\alpha-\beta)$ (教 p.178 練習 2)

＊287 $0<\alpha<\frac{\pi}{2}$，$\frac{\pi}{2}<\beta<\pi$ で $\cos\alpha=\frac{3}{4}$，$\cos\beta=-\frac{3}{5}$ のとき，$\tan(\alpha-\beta)$ の値を求めよ。 (教 p.178 練習 2)

288 次の式の値を求めよ。 (教 p.178 練習 2)

$$\cos x+\cos\left(x+\frac{2}{3}\pi\right)+\cos\left(x+\frac{4}{3}\pi\right)$$

＊289 $\frac{\pi}{2}<\alpha<\pi$ で $\sin\alpha=\frac{1}{3}$ のとき $\cos 2\alpha$，$\tan 2\alpha$ の値を求めよ。

(教 p.179 練習 3)

290 $\tan 2\theta=3$ のとき，次の値を求めよ。ただし，θ は第1象限の角とする。

(1) $\tan 4\theta$　(2) $\cos 2\theta$ (教 p.179 練習 3)

291 半角の公式を用いて，次の値を求めよ。 (教 p.180 練習 4)

＊(1) $\sin 15^\circ$　(2) $\cos 15^\circ$　＊(3) $\tan 15^\circ$

(4) $\sin\frac{\pi}{8}$　＊(5) $\cos\frac{3}{8}\pi$　(6) $\tan\frac{\pi}{8}$

＊292 $\frac{\pi}{2}<\alpha<\pi$ の角で $\cos\alpha=-\frac{1}{3}$ のとき，$\cos\frac{\alpha}{2}$ の値を求めよ。

(教 p.180 練習 5)

293　$\dfrac{\pi}{2} < \theta < \pi$ で $\cos\theta = -\dfrac{2}{3}$ のとき，$\tan\dfrac{\theta}{2}$ の値を求めよ。

(教 p.180 練習 5)

294　次の式を $r\sin(\theta+\alpha)$ の形に変形せよ。ただし，$r>0,\ 0 \leqq \alpha < 2\pi$ とする。
(教 p.181 練習 7)

(1)　$\sin\theta+\cos\theta$　　*(2)　$-\sin\theta-\sqrt{3}\cos\theta$

*(3)　$-3\sin\theta+\sqrt{3}\cos\theta$　　(4)　$\sqrt{6}\sin\theta-\sqrt{2}\cos\theta$

***295**　$0 \leqq \theta < 2\pi$ のとき，次の関数の最大値と最小値を求めよ。

(教 p.181 練習 7)

(1)　$y=\sqrt{3}\sin\theta-\cos\theta$　　(2)　$y=-\sin\theta+\cos\theta$

***296**　次の式の値を求めよ。
(教 p.181 練習 7)

(1)　$\sqrt{3}\sin15^\circ+\cos15^\circ$　　(2)　$\sin75^\circ-\cos75^\circ$

297　次の式を三角関数の和または差の形に直せ。
(教 p.182 練習 8)

*(1)　$\sin4\theta\cos\theta$　　(2)　$\cos3\theta\sin2\theta$

*(3)　$\cos3\theta\cos2\theta$　　(4)　$\sin2\theta\sin\theta$

298　次の式を三角関数の積の形に直せ。
(教 p.183 練習 9)

*(1)　$\sin4\theta+\sin2\theta$　　(2)　$\sin7\theta-\sin3\theta$

*(3)　$\cos5\theta+\cos\theta$　　(4)　$\cos4\theta-\cos2\theta$

299　次の式の値を求めよ。
(教 p.183 練習 10)

(1)　$\cos75^\circ\cos45^\circ$　　*(2)　$\sin75^\circ\sin45^\circ$

*(3)　$\cos\dfrac{5}{12}\pi\sin\dfrac{\pi}{12}$　　(4)　$\cos\dfrac{\pi}{12}\cos\dfrac{7}{12}\pi$

300　次の式の値を求めよ。
(教 p.183 練習 10)

(1)　$\sin105^\circ+\sin15^\circ$　　*(2)　$\cos105^\circ-\cos15^\circ$

*(3)　$\sin\dfrac{5}{12}\pi-\sin\dfrac{\pi}{12}$　　(4)　$\cos\dfrac{5}{12}\pi+\cos\dfrac{\pi}{12}$

B

301 $\alpha+\beta=45^\circ$ のとき，$(1+\tan\alpha)(1+\tan\beta)$ の値を求めよ。

***302** $0 \leqq \theta < 2\pi$ のとき，次の方程式・不等式を解け。

(1) $\cos 2\theta+\sin\theta-1=0$　　(2) $\cos\theta+\cos 3\theta=0$

(3) $\sin 2\theta < \cos\theta$

***303** $\sin\theta-\cos\theta=\dfrac{1}{2}$ のとき次の値を求めよ。ただし，$\dfrac{\pi}{4}<\theta<\dfrac{\pi}{2}$ とする。

(1) $\sin 2\theta$　　(2) $\cos 2\theta$　　(3) $\tan 2\theta$

304 $\tan\theta+\dfrac{1}{\tan\theta}=\dfrac{5}{2}$ のとき，次の値を求めよ。

(1) $\tan\theta$　　(2) $\sin 2\theta$

305 次の式の値を求めよ。

(1) $\sin 20^\circ \sin 40^\circ \sin 80^\circ$　　(2) $\cos 5^\circ+\cos 125^\circ+\cos 115^\circ$

***306** $0 \leqq \theta < 2\pi$ のとき，次の方程式・不等式を解け。

(1) $\sin\theta+\sqrt{3}\cos\theta=-1$　　(2) $\cos\theta \geqq \sqrt{3}\sin\theta-\sqrt{2}$

307 関数 $f(\theta)=\sqrt{3}\sin\theta-\cos\theta+1$ について，次の問いに答えよ。ただし，$0 \leqq \theta < 2\pi$ とする。

(1) $f(\theta)$ がとりうる値の範囲を求めよ。

(2) $f(\theta)=0$ を満たす θ の値を求めよ。

(3) $f(\theta)<2$ を満たす θ の値の範囲を求めよ。

***308** 次の等式を証明せよ。

(1) $\sin(\alpha+\beta)\sin(\alpha-\beta)=\sin^2\alpha-\sin^2\beta$

(2) $\dfrac{1-\cos 2\theta}{\sin 2\theta}=\tan\theta$　　(3) $\dfrac{\sin(\alpha-\beta)}{\sin(\alpha+\beta)}=\dfrac{\tan\alpha-\tan\beta}{\tan\alpha+\tan\beta}$

309 点Pが，長さ2の線分ABを直径とする半円上を動くとき，$\angle \mathrm{BAP}=\theta$ として，次の問いに答えよ。

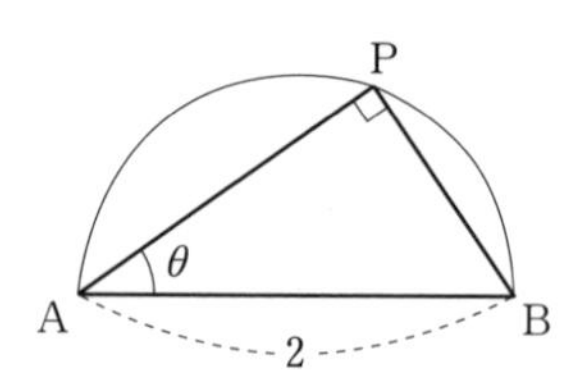

(1) θ のとる値の範囲を求めよ。

(2) $5\mathrm{AP}+12\mathrm{BP}$ の最大値を求めよ。

例題 3　$0 \leqq \theta \leqq \pi$ のとき，関数 $y=\sin^2\theta+2\sqrt{3}\sin\theta\cos\theta-\cos^2\theta$ の最大値と最小値を求めよ。また，そのときの θ の値を求めよ。

考え方　$\sin\theta\cos\theta$，$\sin^2\theta$，$\cos^2\theta$ を半角の公式を用いて，$\sin 2\theta$，$\cos 2\theta$ の式にする。

解

$$y=\frac{1-\cos 2\theta}{2}+\sqrt{3}\sin 2\theta-\frac{1+\cos 2\theta}{2}$$

$$=\sqrt{3}\sin 2\theta-\cos 2\theta$$

$$=2\sin\left(2\theta-\frac{\pi}{6}\right)$$

$0 \leqq \theta \leqq \pi$ より $-\dfrac{\pi}{6} \leqq 2\theta-\dfrac{\pi}{6} \leqq \dfrac{11}{6}\pi$

$-1 \leqq \sin\left(2\theta-\dfrac{\pi}{6}\right) \leqq 1$ だから

$2\theta-\dfrac{\pi}{6}=\dfrac{\pi}{2}$ すなわち

$\theta=\dfrac{\pi}{3}$ のとき最大値 2

$2\theta-\dfrac{\pi}{6}=\dfrac{3}{2}\pi$ すなわち

$\theta=\dfrac{5}{6}\pi$ のとき最小値 -2

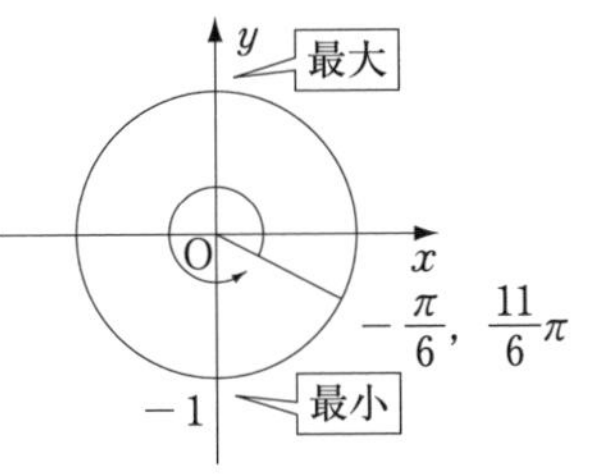

＊310　$0 \leqq \theta \leqq \pi$ のとき，関数 $y=\sin^2\theta+4\sin\theta\cos\theta-3\cos^2\theta$ の最大値と最小値を求めよ。また，そのときの θ の値を求めよ。

311　関数 $y=a\sin\theta+b\cos\theta$ は，$\theta=\dfrac{\pi}{6}$ で最大値をとり，また，最小値は -5 である。定数 a，b の値を求めよ。ただし，$0 \leqq \theta < 2\pi$ とする。

発展問題

312　α，β，γ はともに鋭角とする。

$$\tan\alpha=\frac{\sqrt{3}}{7},\quad \tan\beta=\frac{\sqrt{3}}{6},\quad \tan\gamma=2-\sqrt{3}$$

のとき，$\alpha+\beta$，$\alpha+\beta+\gamma$ の値を求めよ。

313　$A+B+C=\pi$ のとき，次の等式が成り立つことを証明せよ。

(1)　$\sin 2A+\sin 2B+\sin 2C=4\sin A\sin B\sin C$

(2)　$\sin A-\sin B+\sin C=4\sin\dfrac{A}{2}\cos\dfrac{B}{2}\sin\dfrac{C}{2}$

6章の問題

1 次の条件を満たす角 α $(0 \leqq \alpha < 2\pi)$ を，それぞれ求めよ。

(1) α を 6 倍した動径と，α の動径が一致する。

(2) α を 4 倍した動径と，$\dfrac{2}{9}\pi$ の角の動径が一致する。

2 $x-1$，$x-2$，$x-3$ が鈍角三角形の 3 辺の長さとなるとき，x の値の範囲を求めよ。

3 右図について，次の問いに答えよ。

(1) △ACD の 3 辺の長さを求めよ。

(2) $\sin 15^\circ$，$\cos 15^\circ$ の値を求めよ。

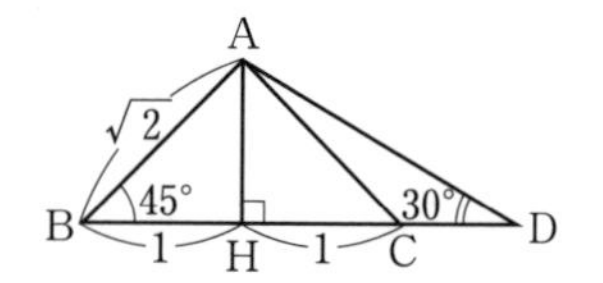

4 △ABC において，$a=6$，$b=7$，$c=5$ とする。

(1) 頂点 A から辺 BC に引いた垂線 AH の長さを求めよ。

(2) 辺 BC の中点を M とする。AM の長さを求めよ。

(3) ∠A の二等分線と辺 BC の交点を D とするとき，AD の長さを求めよ。

5 △ABC において，AB = 10，AC = 6，BC = 8 である。辺 AB，AC 上にそれぞれ点 P，Q をとり，△APQ と四角形 PBCQ の面積および周の長さを等しくなるようにしたい。AP，AQ の長さをいくらにすればよいか。

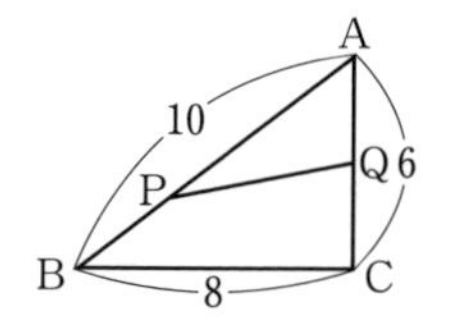

6 $0 < A < \dfrac{\pi}{2}$ において，$\sin A = \cos^2 A$ のとき，$\sin A$ の値を求めよ。

7 次の等式が成り立つとき，△ABC はどんな形の三角形か。

(1) $b\sin B = c\sin C$

(2) $b\cos C = c\cos B$

(3) $a\cos B - b\cos A = c$

(4) $\cos A\sin B = \cos B\sin A$

8 次の関数のグラフをかき，周期を求めよ。

(1) $y=|\sin\theta|$ (2) $y=|\tan x|$

9 $0 \leqq \theta < 2\pi$ のとき，次の方程式・不等式を解け。

(1) $\cos 3\theta = \dfrac{-\sqrt{3}}{2}$

(2) $4\sin\theta\cos\theta - 2\sin\theta - 2\cos\theta + 1 < 0$

10 $0 \leqq \theta \leqq \dfrac{\pi}{2}$ のとき，方程式 $\cos^2\theta + \dfrac{1}{2}\sin\theta = a$ …①について，次の問いに答えよ。

(1) ①が実数解をもつように定数 a の値の範囲を求めよ。

(2) ①が異なる2つの実数解をもつように定数 a の値の範囲を求めよ。

11 α, β はともに鋭角で $\sin\alpha = \dfrac{1}{7}$, $\sin\beta = \dfrac{11}{14}$ のとき，$\alpha+\beta$ の値を求めよ。

12 2次方程式 $2x^2-(\sqrt{3}+1)x+a=0$ の2つの解が，$\sin\theta$, $\cos\theta$ となるように定数 a の値を定めよ。また，そのときの θ の値を求めよ。ただし，$0 \leqq \theta \leqq \pi$ とする。

13 $0<x<\dfrac{\pi}{2}$，$0<y<\dfrac{\pi}{2}$，$\cos(2x+y)=\dfrac{2}{7}$，$\cos(x+y)=\dfrac{2}{3}$ のとき，$\sin(2x+y)$，$\sin(x+y)$，$\cos x$，$\cos y$ の値を求めよ。

14 $-\dfrac{\pi}{2}<\theta<\dfrac{\pi}{2}$ で $2\cos 2\theta + a\sin 2\theta = 1$ のとき，$\tan\theta$ を a で表せ。

15 $\alpha = 18^\circ$ とするとき，$5\alpha = 90^\circ$ であることを利用して次の問いに答えよ。

(1) $\sin 3\alpha = \cos 2\alpha$ が成り立つことを示せ。

(2) $\sin 18^\circ$ の値を求めよ。

1 座標平面上の点と直線

◆◆◆要点◆◆◆

▶内分点・外分点・中点

2点A(x_1, y_1)，B(x_2, y_2)とするとき，線分ABの$m:n$の

内分点 $\left(\dfrac{nx_1+mx_2}{m+n}, \dfrac{ny_1+my_2}{m+n}\right)$

外分点 $\left(\dfrac{-nx_1+mx_2}{m-n}, \dfrac{-ny_1+my_2}{m-n}\right)$

線分ABの中点 $\left(\dfrac{x_1+x_2}{2}, \dfrac{y_1+y_2}{2}\right)$

▶2点間の距離

2点 A(x_1, y_1)，B(x_2, y_2) 間の距離は　$AB=\sqrt{(x_2-x_1)^2+(y_2-y_1)^2}$

とくに，原点Oと点 P(x, y) 間の距離は　$OP=\sqrt{x^2+y^2}$

▶直線の方程式

・傾きm，y切片nのとき　　$y=mx+n$

・傾きm，点(x_1, y_1)を通るとき　　$y-y_1=m(x-x_1)$

・2点(x_1, y_1)，(x_2, y_2)を通るとき

(i)　$y-y_1=\dfrac{y_2-y_1}{x_2-x_1}(x-x_1)$　$(x_1 \neq x_2)$

(ii)　$x=x_1$　$(x_1=x_2)$

▶直線の平行・垂直

2直線 $y=mx+n$，$y=m'x+n'$ において　平行 $\Longleftrightarrow$ $m=m'$

垂直 $\Longleftrightarrow$ $mm'=-1$

A

＊314　次の点の座標を求めよ。　(教 p.189 練習4)

(1)　2点A$(-1, 6)$，B$(5, 4)$を結ぶ線分ABの中点

(2)　2点A$(1, -4)$，B$(5, 6)$を結ぶ線分ABを2：3に内分する点，外分する点

(3)　2点A$(3, 5)$，B$(-3, 2)$を結ぶ線分ABを1：2に内分する点，外分する点，および中点

＊315　**△ABCの頂点A，Bの座標が，A(1, 4)，B(1, 1)，重心Gの座標がG(0, 2)であるとき，頂点Cの座標を求めよ。**　(教 p.189 練習5)

***316**　次の 2 点間の距離を求めよ。　(教 p.190 練習 6)

(1)　(2, 1), (3, 4)　(2)　(−2, −6), (3, −1)

(3)　(0, 3), (2, −3)　(4)　(−10, 2), (2, −3)

317　次の 3 点を頂点とする三角形は，どのような三角形か。また，三角形の重心の座標を求めよ。　(教 p.189-190 練習 5-6)

(1)　O(0, 0), A(1, 5), B(3, 3)

*(2)　C(−2, 1), D(−5, −2), E(1, −5)

***318**　点 **A(1, 3)** に関して，点 **P(7, 9)** と対称な点 **Q** の座標を求めよ。

(教 p.189 練習 4)

319　次の点の座標を求めよ。　(教 p.191 練習 7)

(1)　2 点 A(1, 2), B(3, 4) から等距離にある x 軸上の点 P

(2)　2 点 A(3, 5), B(7, 1) から等距離にある y 軸上の点 Q

*(3)　2 点 A(−1, 3), B(2, 4) から等距離にある x 軸上の点 P，および y 軸上の点 Q の座標を求めよ。

***320**　次の直線の方程式を求めよ。　(教 p.193 練習 10)

(1)　傾き 2，y 切片 3　(2)　傾き −1，点 (3, 0) を通る

(3)　傾き $-\frac{1}{2}$，点 (1, 4) を通る　(4)　点 (8, −1) を通り，x 軸に平行

(5)　点 (−2, 1) を通り，y 軸に平行

***321**　次の直線の方程式を求めよ。　(教 p.194 練習 11)

(1)　2 点 (0, 0), (1, −2) を通る　(2)　2 点 (3, −4), (−1, 0) を通る

(3)　2 点 (3, 0), (0, 4) を通る　(4)　2 点 (−2, 4), (−2, 1) を通る

322　次の直線の方程式を求めよ。　(教 p.196 練習 14)

*(1)　点 (1, 2) を通り，直線 $y=-3x+1$ に平行な直線と垂直な直線

(2)　点 (2, −4) を通り，直線 $3x-2y+1=0$ に平行な直線と垂直な直線

*(3)　点 (−1, 3) を通り，2 点 (1, 1), (3, 0) を結ぶ直線に平行な直線と垂直な直線

323　次の 2 点を結ぶ線分の垂直二等分線の方程式を求めよ。　(教 p.196 練習 15)

(1)　O(0, 0), A(−4, 8)　*(2)　B(5, −2), C(7, 4)

B

例題 1 △ABCの3辺BC，CA，ABの中点がそれぞれP(4，−1)，Q(6，1)，R(3，4)であるとき，頂点A，B，Cの座標を求めよ。

考え方 2点の中点を求める公式を使う。

解 $A(x_1,\ y_1)$，$B(x_2,\ y_2)$，$C(x_3,\ y_3)$ とおくと

BCの中点がPより

$$\frac{x_2+x_3}{2}=4,\qquad \frac{y_2+y_3}{2}=-1$$

よって　$x_2+x_3=8$　……①

　　　　$y_2+y_3=-2$　……②

CAの中点がQより

$$\frac{x_3+x_1}{2}=6,\qquad \frac{y_3+y_1}{2}=1$$

よって　$x_3+x_1=12$　……③　　$y_3+y_1=2$　……④

ABの中点がRより　$\dfrac{x_1+x_2}{2}=3,\quad \dfrac{y_1+y_2}{2}=4$

よって　$x_1+x_2=6$　……⑤　　$y_1+y_2=8$　……⑥

①，③，⑤より　$x_1=5,\ x_2=1,\ x_3=7$

②，④，⑥より　$y_1=6,\ y_2=2,\ y_3=-4$

したがって　A(5，6)，B(1，2)，C(7，−4)

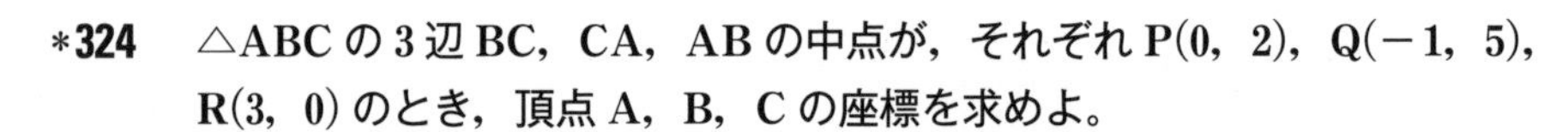

＊324 △ABCの3辺BC，CA，ABの中点が，それぞれP(0，2)，Q(−1，5)，R(3，0)のとき，頂点A，B，Cの座標を求めよ。

＊325 4点A(1，3)，B(−2，−2)，C(6，0)，Dを頂点とする平行四辺形ABCDがある。次の点の座標を求めよ。

(1) 対角線の交点P　　(2) 頂点D

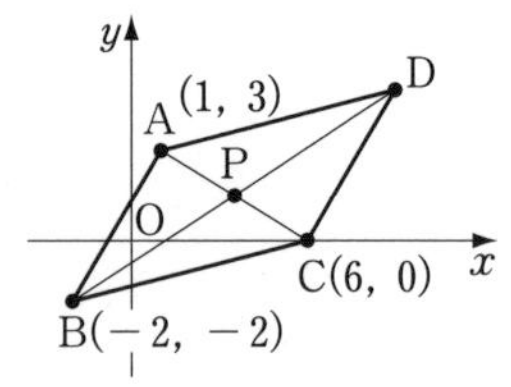

326 △ABCの辺AB，BC，CAをそれぞれ1：2の比に内分する点をD，E，Fとする。D(2，2)，E(−1，4)，F(5，6)とするとき，頂点A，B，Cの座標を求めよ。

327 2点A(2，2)，B(4，5)とx軸上の点Cを頂点とする△ABCが直角三角形になるように，点Cの座標を定めよ。

例題 2　点 P(1, 4) の直線 $l : y = x + 1$ に関する対称点 Q の座標を求めよ。

考え方　**点 P, Q が直線 l に関して対称 ➡ PQ の中点が l 上, PQ ⊥ l**

解　$Q(a,\ b)$ とすると，線分 PQ の中点 $\left(\dfrac{a+1}{2},\ \dfrac{b+4}{2}\right)$

は直線 l 上にあるので　$\dfrac{b+4}{2} = \dfrac{a+1}{2} + 1$

よって　$a - b = 1$　……①

また，直線 PQ と l とは垂直なので

$\dfrac{b-4}{a-1} \cdot 1 = -1$

よって　$a + b = 5$　……②

①, ②を解いて　$a = 3,\ b = 2$　　したがって　Q(3, 2)

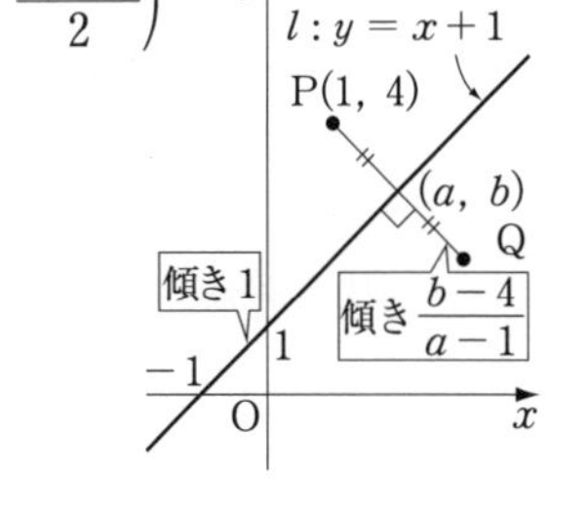

＊328　点 A(−2, 5) の，次の各直線に関する対称点を求めよ。

(1)　$y = -x + 1$　　　(2)　$x - 2y - 1 = 0$

＊329　**2 直線 $5x - (a-3)y + 5 = 0$, $(a+1)x - y - 2 = 0$ が次の条件を満たすとき，定数 a の値を求めよ。**

(1)　平行である。　　　(2)　垂直である。

＊330　**直線 $(2k+1)x + (k-1)y - 4k - 5 = 0$ が k の値にかかわらず通る点の座標を求めよ。**

発展問題

＊331　**点 $(x_1,\ y_1)$ と直線 $ax + by + c = 0$ の距離の公式は**

$$d = \frac{|ax_1 + by_1 + c|}{\sqrt{a^2 + b^2}}$$

である。これを利用して，次の点と直線の距離を求めよ。

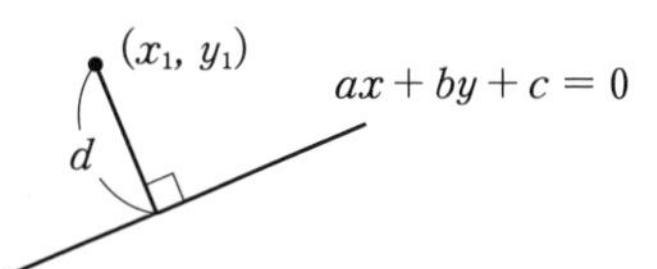

(1)　(0, 0), $3x - 4y - 10 = 0$　　　(2)　(−1, 4), $x + 3y - 6 = 0$

332　**3 点 A(1, 1), B(5, 3), C(4, 5) とする。**

(1)　直線 AB の方程式を求めよ。　　(2)　△ABC の面積を求めよ。

333　**3 直線 $x + y - 3 = 0$, $2x - y + 6 = 0$, $3x + 2y - 12 = 0$ で囲まれる三角形の面積を求めよ。**

2　2次曲線

◆◆◆要点◆◆◆

▶円の方程式

中心が $(a,\ b)$，半径 r の円の方程式は

$$(x-a)^2+(y-b)^2=r^2$$

一般形 $x^2+y^2+lx+my+n=0$

$(ただし，l^2+m^2-4n>0)$

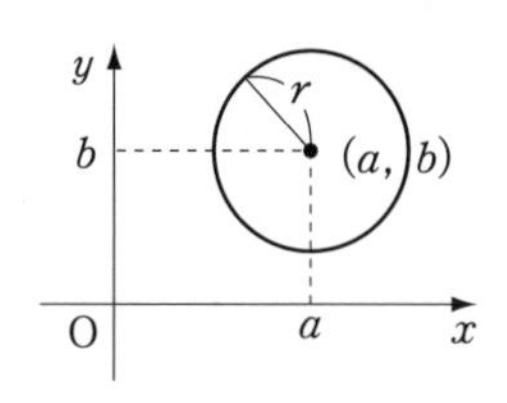

〈円の接線の方程式〉

円 $x^2+y^2=r^2$ 上の点 $(x_1,\ y_1)$ における接線の方程式は

$$x_1x+y_1y=r^2$$

▶放物線の方程式

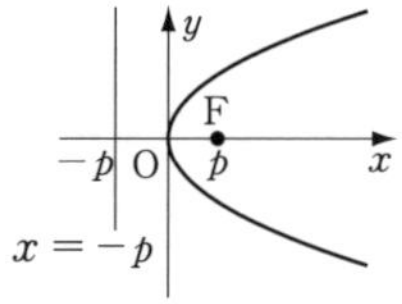

焦点が x 軸上にある放物線

$$y^2=4px$$

焦点 $(p,\ 0)$，準線 $x=-p$

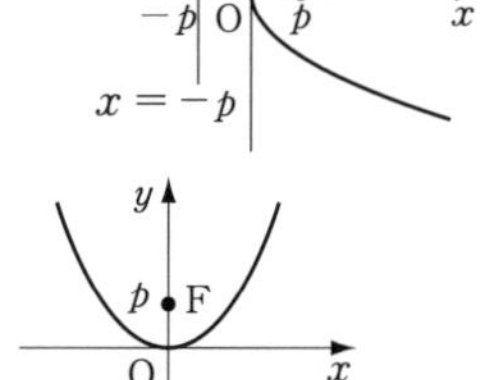

焦点が y 軸上にある放物線

$$x^2=4py$$

焦点 $(0,\ p)$，準線 $y=-p$

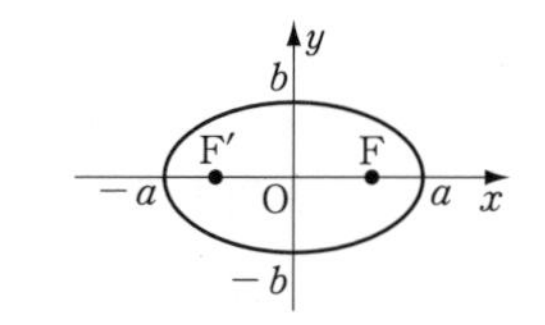

▶楕円の方程式

$$\frac{x^2}{a^2}+\frac{y^2}{b^2}=1$$

$a>b>0$ のとき

長軸は x 軸上，

焦点は $(\pm\sqrt{a^2-b^2},\ 0)$

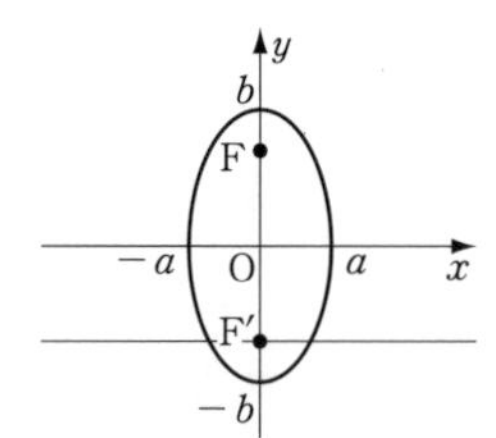

$b>a>0$ のとき

長軸は y 軸上

焦点は $(0,\ \pm\sqrt{b^2-a^2})$

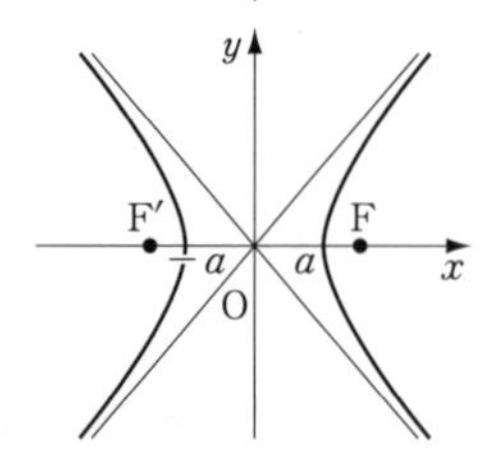

▶双曲線の方程式

$$\frac{x^2}{a^2}-\frac{y^2}{b^2}=1\ (a>0,\ b>0)$$

焦点 $(\pm\sqrt{a^2+b^2},\ 0)$

漸近線 $y=\pm\dfrac{b}{a}x$

$\dfrac{x^2}{a^2}-\dfrac{y^2}{b^2}=-1\ (a>0,\ b>0)$

焦点 $(0,\ \pm\sqrt{a^2+b^2})$

漸近線 $y=\pm\dfrac{b}{a}x$

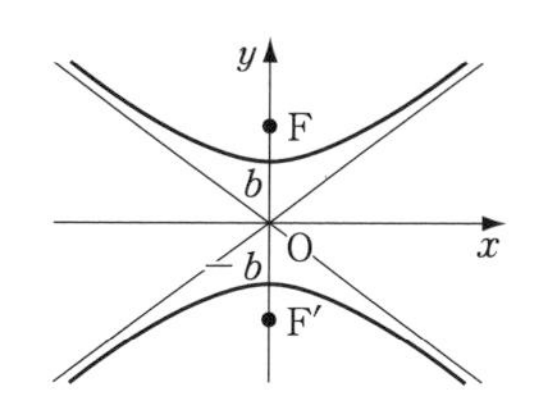

A

＊334　次の円の方程式を求めよ。　(教 p.198 練習 1)

(1)　原点を中心とする半径3の円

(2)　中心が (2, −1) で，点 (3, 8) を通る円

(3)　中心が点 (−2, 4) で，y 軸に接する円

(4)　2点 (−3, 0)，(−1, 2) を直径の両端とする円

(5)　2点 (4, −2)，(−6, 2) を直径の両端とする円

＊335　次の円の中心の座標と半径を求めよ。　(教 p.199 練習 2)

(1)　$x^2+y^2+2x=0$　(2)　$x^2+y^2+8x-6y+9=0$

(3)　$x^2+y^2-3x+5y+4=0$　(4)　$4x^2+4y^2-24x+8y+15=0$

＊336　次の円の方程式を求めよ。　(教 p.200 練習 3)

(1)　3点 (2, 1)，(−2, −1)，(5, 0) を通る円

(2)　3点 (−5, −1)，(3, 5)，(−1, −3) を通る円

337　次の条件を満たす点Pの軌跡を求めよ。　(教 p.200 練習 4)

＊(1)　A(1, 0)，B(6, 0) とするとき，PA：PB＝3：2 を満たす点P

(2)　A(−3, 0)，B(1, 0) とするとき，PA：PB＝1：2 を満たす点P

338　次の円の与えられた点における接線の方程式を求めよ。　(教 p.201 練習 5)

＊(1)　$x^2+y^2=5$　点 (2, 1)　＊(2)　$x^2+y^2=4$　点 (0, 2)

(3)　$x^2+y^2=9$　点 $(-2\sqrt{2},\ 1)$　(4)　$x^2+y^2=7$　点 $(-\sqrt{7},\ 0)$

＊339　次の放物線の方程式を求めよ。　(教 p.202-203 練習 6, 8)

(1)　焦点F(2, 0)，準線 $x=-2$　(2)　焦点F(0, −1)，準線 $y=1$

(3)　頂点が原点で，準線が $x=1$　(4)　頂点が原点で，焦点が $\left(0,\ \dfrac{1}{2}\right)$

＊340 次の放物線の焦点の座標，準線の方程式を求めて，その曲線を図示せよ。

(1) $y^2=4x$　　(2) $y^2=-8x$　(教 p.202-203 練習 7，9)

(3) $x^2=y$

＊341 次の楕円の方程式を求めよ。　(教 p.205 練習 10)

(1) 焦点 $(\pm 3,\ 0)$，長軸の長さが 10

(2) 中心が原点で，y 軸上の 2 つの焦点から楕円上の点までの距離の和が 8，短軸の長さが 2

(3) 中心が原点で，焦点間の距離が $2\sqrt{3}$，y 軸上にある短軸の長さが 4

＊342 次の楕円の焦点の座標，長軸と短軸の長さを求めて，その曲線を図示せよ。

(教 p.206 練習 11-12)

(1) $\dfrac{x^2}{16}+\dfrac{y^2}{9}=1$　　(2) $x^2+\dfrac{y^2}{4}=1$

(3) $4x^2+5y^2=20$　　(4) $\dfrac{x^2}{2}+8y^2=2$

343 次の方程式のグラフをかけ。　(教 p.206 練習 11-12)

＊(1) $y=2\sqrt{1-x^2}$　　(2) $y=-\dfrac{1}{2}\sqrt{4-x^2}$

344 次の双曲線の方程式を求めよ。　(教 p.208 練習 13)

＊(1) 焦点が $(\pm 5,\ 0)$，漸近線が $4x\pm 3y=0$

＊(2) 焦点が $(0,\ \pm 2)$，漸近線が $y=\pm x$

(3) 焦点 $(\pm 3,\ 0)$ から双曲線上の点までの距離の差が 2

345 次の双曲線の焦点の座標，漸近線の方程式を求めて，その曲線を図示せよ。

(教 p.208-209 練習 14-15)

＊(1) $\dfrac{x^2}{16}-\dfrac{y^2}{9}=1$　　＊(2) $x^2-\dfrac{y^2}{4}=-1$

(3) $4x^2-2y^2=1$　　(4) $16x^2-25y^2=400$

346 次の 2 次曲線は (　) 内の 2 次曲線をどのように平行移動したものか答えよ。また，そのグラフをかけ。グラフには焦点の座標もかくこと。

(1) $(y-1)^2=8(x+3)$　$(y^2=8x)$　(教 p.210 練習 17)

(2) $\dfrac{(x+2)^2}{4}+\dfrac{(y+1)^2}{16}=1$　$\left(\dfrac{x^2}{4}+\dfrac{y^2}{16}=1\right)$

(3) $(x-3)^2-\dfrac{(y-1)^2}{4}=1$　$\left(x^2-\dfrac{y^2}{4}=1\right)$

◇◆◇◆◇◆◇◆◇◆◇◆◇◆◇◆◇◆◇◆ **B** ◇◆◇◆◇◆◇◆◇◆◇◆◇◆◇◆◇◆◇◆

例題 3　円 $x^2+y^2=5$ の接線のうち，点 $(5,\ 0)$ を通る接線の方程式を求めよ。

考え方　円 $\boldsymbol{x^2+y^2=r^2}$ 上の点 $(\boldsymbol{x_1},\ \boldsymbol{y_1})$ における接線 ➡ $\boldsymbol{x_1x+y_1y=r^2}$

解　接点の座標を $(x_1,\ y_1)$ とすると，接線の方程式は

$$x_1x+y_1y=5$$

点 $(5,\ 0)$ を通るから

$$5x_1+0\cdot y_1=5 \quad \cdots\cdots①$$

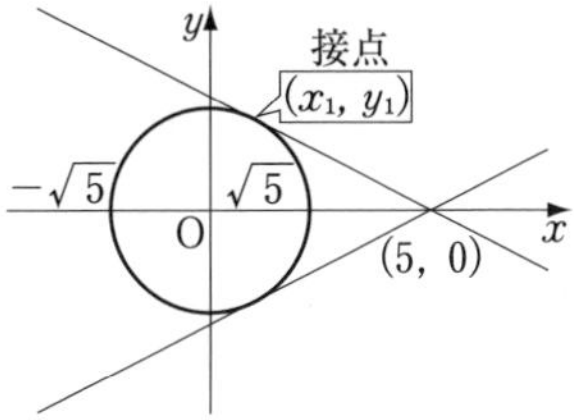

また，点 $(x_1,\ y_1)$ は円 $x^2+y^2=5$ 上にあるから

$$x_1{}^2+y_1{}^2=5 \quad \cdots\cdots②$$

①，②を解いて　$(x_1,\ y_1)=(1,\ 2),\ (1,\ -2)$

これらを①に代入して　$x+2y=5,\ x-2y=5$

347　次の接線の方程式を求めよ。

*(1)　円 $x^2+y^2=25$ の接線で，点 $(7,\ -1)$ を通る

(2)　円 $x^2+y^2=4$ の接線で，点 $(2,\ -2)$ を通る

***348**　円 $\boldsymbol{x^2+y^2=1}$ について，次の接線の方程式を求めよ。

(1)　傾きが2の接線

(2)　y 切片が2の接線

349　原点から引いた，円 $\boldsymbol{x^2+y^2-2x-6y+8=0}$ の接線について，次の問いに答えよ。

(1)　接線の方程式を求めよ。また，そのときの接点の座標を求めよ。

(2)　原点と接点との距離を求めよ。

***350**　次の円の方程式を求めよ。

(1)　点 $(2,\ 1)$ を通り，両座標軸に接する円

(2)　中心が x 軸上にあって，2点 $(-1,\ 1)$，$(3,\ 5)$ を通る円

***351**　中心が直線 $\boldsymbol{y=-x}$ 上にあり，2点 $(\boldsymbol{5,\ 2})$，$(\boldsymbol{-2,\ 3})$ を通る円の方程式を求めよ。

例題 4 楕円 $\dfrac{x^2}{4}+y^2=1$ …① と直線 $y=x+k$ …② との共有点の個数を調べよ。

考え方 ①と②を連立させ，判別式 D を利用して実数解の個数を調べる。

解 ②を①に代入して $\dfrac{x^2}{4}+(x+k)^2=1$ より

$$5x^2+8kx+4(k^2-1)=0 \quad \cdots\cdots③$$

③の判別式を D とすると

$$\frac{D}{4}=(4k)^2-5\cdot4(k^2-1)$$
$$=-4(k+\sqrt{5})(k-\sqrt{5})$$

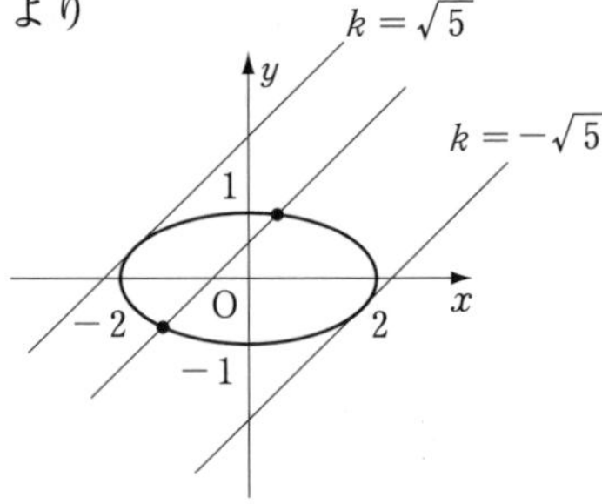

よって，楕円①と直線②の共有点の個数は

$D>0$ すなわち $-\sqrt{5}<k<\sqrt{5}$ のとき2個
$D=0$ すなわち $k=\pm\sqrt{5}$ のとき1個
$D<0$ すなわち $k<-\sqrt{5}$，$\sqrt{5}<k$ のとき0個

352 直線 $y=2x-4$ と次のそれぞれの曲線との共有点の座標を求めよ。

*(1) $\dfrac{x^2}{4}+\dfrac{y^2}{9}=1$　(2) $x^2-\dfrac{y^2}{20}=-1$　*(3) $y^2=4x$

***353** 直線 $y=2x+k$ …① と楕円 $x^2+4y^2=16$ …② について，次の問いに答えよ。

(1) 直線①が楕円②に接する k の値を求めよ。

(2) 直線①が楕円②と異なる2点で交わるときの k の値の範囲を求めよ。

***354** 直線 $y=2x+k$ …① と双曲線 $x^2-y^2=1$ …② について，次の問いに答えよ。

(1) 直線①が双曲線②に接するときの k の値を求めよ。

(2) 直線①が双曲線②と異なる2点で交わるときの k の値の範囲を求めよ。

発展問題

355 双曲線 $\dfrac{x^2}{a^2}-\dfrac{y^2}{b^2}=1$ $(a>0,\ b>0)$ 上の任意の点Pから，2つの漸近線へ垂線PQ，PRを下ろすと，PQ·PR は一定であることを示せ。

3 | 不等式と領域

◆◆◆要点◆◆◆

▶**直線と領域**

$y > mx + n$ の表す領域は，直線 $y = mx + n$ の上側

$y < mx + n$ の表す領域は，直線 $y = mx + n$ の下側

▶**円と領域**

$(x-a)^2 + (y-b)^2 < r^2$ の表す領域は　円の内部

$(x-a)^2 + (y-b)^2 > r^2$ の表す領域は　円の外部

A

***356**　次の不等式の表す領域を図示せよ。　(教 p.213 練習 1-2)

(1) $y \leqq -x + 2$　(2) $3x + 4y - 24 > 0$　(3) $y > -1$

(4) $x \leqq 2$　(5) $y < x^2 - 4x$　(6) $y \geqq -x^2 - 2x + 1$

357　次の不等式の表す領域を図示せよ。　(教 p.215 練習 3)

(1) $x^2 + y^2 < 4$　(2) $(x-3)^2 + y^2 \geqq 9$

*(3) $x^2 + y^2 - 2x + 6y - 6 \leqq 0$　*(4) $x^2 + y^2 > 2x - 4y + 1$

***358**　次の連立不等式の表す領域を図示せよ。　(教 p.215 練習 4)

(1) $\begin{cases} x - 2y + 2 \geqq 0 \\ 3x - y - 4 \leqq 0 \end{cases}$　(2) $\begin{cases} x + y > 0 \\ x^2 + y^2 < 4 \end{cases}$

(3) $\begin{cases} y < -2x + 3 \\ y > x^2 \end{cases}$　(4) $\begin{cases} x^2 + y^2 - 4x + 3 \leqq 0 \\ x^2 + y^2 - 3 \leqq 0 \end{cases}$

***359**　次の不等式の表す領域を図示せよ。　(教 p.215 練習 4)

(1) $-6 \leqq 2x - 3y \leqq 6$　(2) $4 < x^2 + y^2 < 9$

(3) $(x-y)(x+y) < 0$

360　次の問いに答えよ。　(教 p.216 練習 5)

(1) $x \geqq 0$，$y \geqq 0$，$x + 2y \leqq 6$，$2x + y \leqq 6$ のとき，$x + y$ の最大値と最小値を求めよ。

*(2) $x + 2y - 6 \leqq 0$，$2x + y - 3 \geqq 0$，$x - y \leqq 0$ のとき，$x + y$ の最大値と最小値を求めよ。

*(3) $y \leqq x$，$x^2 + y^2 - 2y \leqq 0$ のとき，$-2x + y$ の最大値と最小値を求めよ。

B

例題 5 $x \leqq 2,\ y \leqq 2,\ x+y \geqq 2$ のとき，x^2+y^2 の最大値と最小値を求めよ。

考え方 $\boldsymbol{x^2+y^2=k}$ とおき $\boldsymbol{k}$ の最大，最小を考える。

解 領域を図示すると右図のようになる。

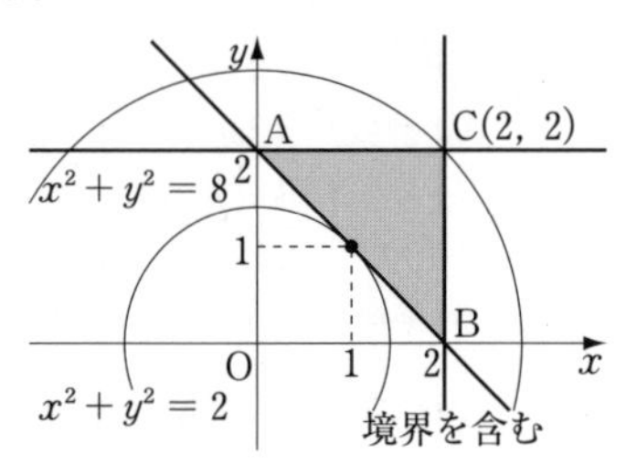

$x^2+y^2=k$ とおくと

$x^2+y^2=(\sqrt{k})^2$

これは原点を中心とし，半径 $\sqrt{k}$ の円を表す。

したがって，点 C$(2,\ 2)$ を通るとき k は最大となる。よって

$x=2,\ y=2$ のとき　最大値 $2^2+2^2=8$

また，AB と接するとき k は最小となる。よって

$x=1,\ y=1$ のとき　最小値 $1^2+1^2=2$

***361** $\boldsymbol{x+y-2 \geqq 0}$ のとき，$\boldsymbol{x^2+y^2}$ の最小値を求めよ。

***362** $\boldsymbol{x+y \geqq 1,\ x+2y \leqq 4,\ x \leqq 4}$ のとき，$\boldsymbol{x^2+y^2}$ の最大値と最小値を求めよ。

363 次の不等式の表す領域を図示せよ。

(1) $xy>0$　　(2) $(x-y+1)(2x+y-4)<0$

*(3) $(y-x^2)(x+y-2)>0$　　*(4) $(x-y+2)(x^2+y^2+2x-4y)>0$

***364** 3 点 $(1,\ 5)$，$(3,\ 1)$，$(5,\ 7)$ を頂点とする三角形の内部を連立不等式で表せ。

発展問題

365 次の不等式の表す領域を図示せよ。

(1) $y>|x|$　　(2) $|x|+|y| \leqq 1$

366 次の不等式の表す領域を図示せよ。

(1) $y>\dfrac{1}{x}$　　(2) $xy>1$

7章 の問題

1 方程式 $x^2+y^2-4x+2ky+3k+8=0$ が円を表すような定数 k の値の範囲を求めよ。

2 次の放物線の方程式を求めよ。

(1) 原点を頂点，x 軸を軸とし，点 $(4,\ -2)$ を通る

(2) 原点を頂点，y 軸を軸とし，点 $(-2,\ -1)$ を通る

3 次の曲線の方程式を求めよ。

(1) 焦点が $(2,\ -1)$，$(2,\ 5)$，短軸の長さが 2 の楕円

(2) 焦点の 1 つが点 $(3,\ 2)$，漸近線が $y=x+1$，$y=-x+3$ の双曲線

(3) 焦点が $\mathrm{F}(2,\ -1)$，頂点が $(0,\ -1)$ の放物線

4 次の接線の方程式を求めよ。

(1) 点 $(2,\ -1)$ を通り放物線 $x^2=-4y$ に接する

(2) 点 $(0,\ 3)$ を通り，楕円 $4x^2+9y^2=36$ に接する

(3) 傾きが 1 で，双曲線 $4x^2-y^2=-4$ に接する

5 放物線 $y^2=4px$ $(p>0)$ の焦点 F を通り x 軸に垂直な直線が，もとの放物線と交わる点を A，B とすると，$\mathrm{AB}=4\mathrm{OF}$ であることを示せ。ただし，O は原点とする。

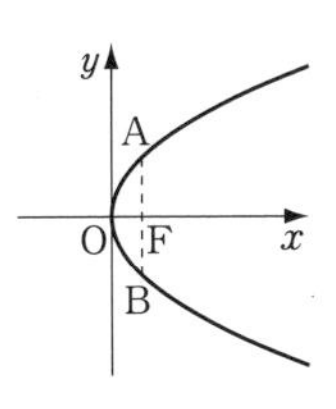

6 楕円 $\dfrac{x^2}{a^2}+\dfrac{y^2}{b^2}=1$ $(a>b>0)$ 上の長軸の両端 A，B 以外の任意の点 P から長軸 AB に垂線 PH を引いたとき，$\dfrac{\mathrm{PH}^2}{\mathrm{AH}\cdot\mathrm{BH}}$ は一定となることを示せ。

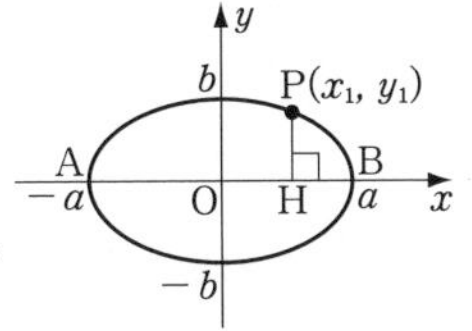

7 双曲線 $\dfrac{x^2}{a^2}-\dfrac{y^2}{b^2}=1$ $(a>0,\ b>0)$ 上の点 P を通る y 軸に平行な直線と，この双曲線の漸近線の交点を A，B とすると，$\mathrm{PA}\cdot\mathrm{PB}$ は一定であることを示せ。

8 k を実数とするとき，直線 $l: y=2kx+k^2+2k$ について，次の問いに答えよ。

(1) 直線 l が点 $\mathrm{A}(1,\ 2)$ を通過することができるか調べよ。

(2) k がすべての実数値をとるとき，直線 l の通りうる領域を図示せよ。

1 集合と要素の個数

◆◆◆要点◆◆◆

▶**集合**　A は B の部分集合 $\Longleftrightarrow$ $A \subset B$ $\Longleftrightarrow$ $x \in A$ ならば $x \in B$

共通部分　$A \cap B = \{x \mid x \in A$ かつ $x \in B\}$

和集合　$A \cup B = \{x \mid x \in A$ または $x \in B\}$

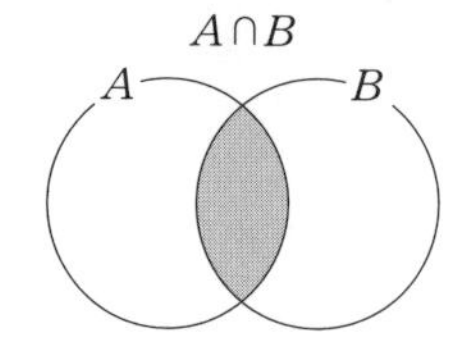

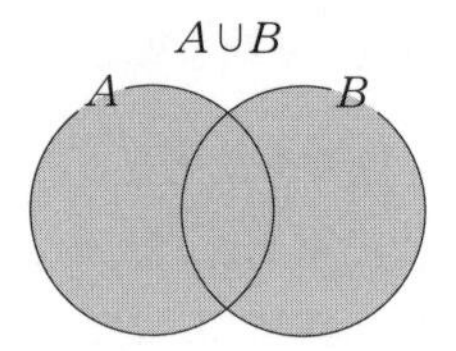

補集合の性質

$A \cup \overline{A} = \overline{U}$,　$A \cap \overline{A} = \varnothing$,　$\overline{\overline{A}} = A$

▶**ド・モルガンの法則**

$\overline{A \cap B} = \overline{A} \cup \overline{B}$,　$\overline{A \cup B} = \overline{A} \cap \overline{B}$

▶**和集合の要素の個数**

$A \cap B = \varnothing$ のとき $n(A \cup B) = n(A) + n(B)$

$A \cap B \neq \varnothing$ のとき $n(A \cup B) = n(A) + n(B) - n(A \cap B)$

A

367　3 で割ると 1 余る数の集合を A，4 で割ると 2 余る数の集合を B とする。次の数は集合 A に属するか属さないか。また，集合 B に属するか属さないかを記号 $\in$，$\notin$ を用いて表せ。　(教 p.220 練習 1)

(1)　7　　(2)　12　　(3)　14　　(4)　130

＊368　次の集合を，要素をかき並べて表せ。　(教 p.221 練習 2)

(1)　$A = \{x \mid x$ は 20 の正の約数$\}$

(2)　$B = \{n^2 \mid -2 \leqq n \leqq 2$，$n$ は整数$\}$

＊369　全体集合を $U = \{x \mid x$ は 1 けたの自然数$\}$，$A = \{x \mid x$ は 1 けたの偶数$\}$，$B = \{x \mid x$ は 1 けたの素数$\}$ とするとき，次の集合を要素をかき並べて表せ。　(教 p.223 練習 5，7)

(1)　$\overline{A}$　　(2)　$A \cup B$　　(3)　$A \cap B$

(4)　$A \cap \overline{B}$　　(5)　$\overline{A \cap B}$　　(6)　$\overline{A} \cup \overline{B}$

370　次の2つの集合の相等，包含関係を記号（=，⊂，⊃）で答えよ。

（教 p.222 練習4）

(1)　$A=\{x\,|\,x$ は3の倍数$\}$，$B=\{x\,|\,x$ は6の倍数$\}$

(2)　$A=\{2n+1\,|\,1\leqq n\leqq 4$，$n$ は整数$\}$，$B=\{n\,|\,3\leqq n\leqq 9$，$n$ は整数$\}$

(3)　$A=\{x\,|\,-2\leqq x\leqq 3\}$，$B=\{x\,|\,|x|\leqq 3\}$

***371**　$A=\{x\,|\,-2\leqq x\leqq 2\}$，$B=\{x\,|\,x\leqq -5$ または $1\leqq x\}$ とするとき，次の集合を求めよ。ただし，全体集合は実数全体とする。

（教 p.223 練習5，7）

(1)　$A\cup B$　　(2)　$A\cap B$　　(3)　$\overline{A}\cup B$　　(4)　$\overline{A}\cap\overline{B}$

***372**　2つの集合 $A=\{x\,|\,-1\leqq x\leqq 3\}$，$B=\{x\,|\,a<x<5\}$ について，次の条件を満たす a の値の範囲を求めよ。ただし，$a<5$ とする。

(1)　$A\subset B$　　(2)　$A\cap B=\varnothing$　　(3)　$A\cup B=\{x\,|\,-1\leqq x<5\}$

373　$A=\{a-1,\ 3\}$，$B=\{-3,\ 2,\ 2a^2-5\}$ について，$A\subset B$ となるように定数 a の値を定めよ。

***374**　自然数の集合を全体集合とし，A を24の約数の集合，B を36の約数の集合とする。このとき，次の値を求めよ。　（教 p.225 練習11）

(1)　$n(A)$　　(2)　$n(B)$　　(3)　$n(A\cup B)$　　(4)　$n(\overline{A}\cap B)$

***375**　あるクラスの生徒40人のうち，運動部に所属している生徒は24人，文化部に所属している生徒は15人，運動部と文化部の両方に所属している生徒は4人である。次の問いに答えよ。　（教 p.225，226，練習11，12）

(1)　運動部か文化部の少なくとも一方に所属している生徒は何人か。

(2)　運動部だけに所属している生徒は何人か。

(3)　文化部だけに所属している生徒は何人か。

(4)　運動部にも文化部にも所属していない生徒は何人か。

***376**　全体集合を U，その部分集合を A，B とする。

$$n(U)=50,\ n(A\cup B)=30,\ n(A\cap B)=6,\ n(\overline{A}\cap B)=10$$

のとき，次の値を求めよ。　（教 p.225，226 練習11，12）

(1)　$n(B)$　　(2)　$n(A)$　　(3)　$n(\overline{A}\cap\overline{B})$　　(4)　$n(A\cup\overline{B})$

例題 1　1から100までの自然数のうち，3の倍数全体の集合を A，4の倍数全体の集合を B とするとき，次の集合の要素の個数を求めよ。

(1) $A\cap B$　(2) $A\cup B$　(3) $\overline{A\cup B}$　(4) $A\cap\overline{B}$

考え方　**集合の要素の個数** ➡ $n(A\cup B)=n(A)+n(B)-n(A\cap B)$

$n(\overline{A})=n(U)-n(A)$

解 (1) $A\cap B$ は，3と4の最小公倍数12の倍数全体の集合であるから，その要素は

12×1，12×2，12×3，……，12×8

よって　$n(A\cap B)=8$

(2) A の要素は　3×1，3×2，……，3×33

B の要素は　4×1，4×2，……，4×25

よって　$n(A\cup B)=n(A)+n(B)-n(A\cap B)$

$=33+25-8=50$

(3) $n(\overline{A\cup B})=n(U)-n(A\cup B)=100-50=50$

(4) $n(A\cap\overline{B})=n(A)-n(A\cap B)=33-8=25$

$100\div2=50$
$100\div3=33$ あまり 1
$100\div12=8$ あまり 4
として個数を求めてもよい

B

＊377　2桁の正の整数を全体集合とし，A を3の倍数の集合，B を5の倍数の集合とする。このとき，次の集合の要素の個数を求めよ。

(1) $A\cap B$　(2) $A\cup B$　(3) $\overline{A}\cap B$　(4) $\overline{A}\cup\overline{B}$

378　1000以下の自然数のうち，次のような数は何個あるか。

(1) 7で割り切れない整数

(2) 7で割り切れないが，11で割り切れる整数

379　全体集合を U，その部分集合を A，B とする。

$n(U)=100$，$n(\overline{A}\cup B)=60$，$n(A\cup\overline{B})=70$，$n(\overline{A}\cup\overline{B})=80$

のとき，次の個数を求めよ。

(1) $n(A\cap B)$　(2) $n(A)$　(3) $n(B)$

＊380　$A=\{a,\ 1,\ 7\}$，$B=\{a-1,\ 2,\ 1-2a\}$ について，$A\cap B=\{1,\ b\}$ のとき，a，b の値と $A\cup B$ を求めよ。

例題 2 1から100までの自然数のうち，2, 3, 5の少なくとも1つで割り切れる数は何個あるか。

考え方 $n(A\cup B\cup C)=n(A)+n(B)+n(C)$
$-n(A\cap B)-n(B\cap C)-n(C\cap A)+n(A\cap B\cap C)$
を使う。

解 2, 3, 5の倍数の集合を，それぞれ A, B, C とすると

$n(A)=50$, $n(B)=33$, $n(C)=20$

$A\cap B$, $B\cap C$, $C\cap A$ は，それぞれ6, 15, 10の倍数で，$A\cap B\cap C$ は30の倍数であるから

$n(A\cap B)=16$, $n(B\cap C)=6$, $n(C\cap A)=10$, $n(A\cap B\cap C)=3$

2, 3, 5の少なくとも1つで割り切れる数全体の集合は $A\cup B\cup C$ だから

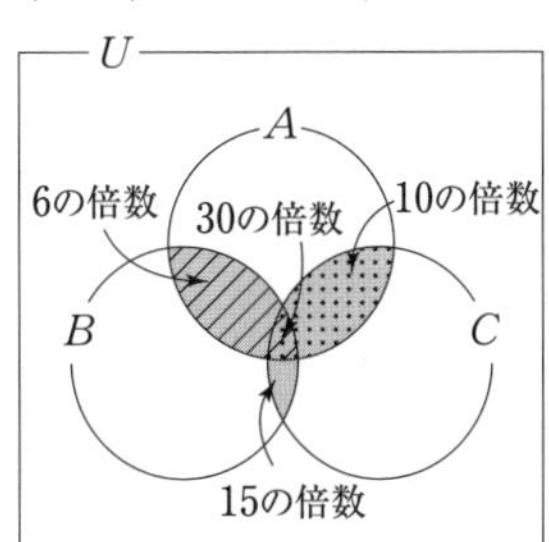

$n(A\cup B\cup C)$
$=n(A)+n(B)+n(C)$
$-n(A\cap B)-n(B\cap C)-n(C\cap A)$
$+n(A\cap B\cap C)$
$=50+33+20-16-6-10+3=74$

発展問題

***381** 500以下の正の整数を全体集合とし，A を3の倍数の集合，B を5の倍数の集合，C を7の倍数の集合とする。このとき，次の値を求めよ。

(1) $n(A)$　(2) $n(B)$　(3) $n(C)$　(4) $n(A\cap B)$
(5) $n(B\cap C)$　(6) $n(C\cap A)$　(7) $n(A\cap B\cap C)$　(8) $n(A\cup B\cup C)$

382 ある学校の1年生320人のうち，通学に電車・バス・自転車のすべてを利用している人はいないが，電車・バス・自転車のうち2種類のみを利用している人は132人，バスと自転車の両方を利用している人は37人である。電車を利用している人は196人，自転車だけを利用している人はバスだけを利用している人の4倍で，電車・バス・自転車のどれも利用していない人は32人いる。このとき，次の問いに答えよ。

(1) 電車のみを利用している人は何人か。
(2) バスのみを利用している人は何人か。
(3) 自転車のみを利用している人は何人か。
(4) 自転車を利用していない人は，最大で何人か。

2-1 場合の数・順列・組合せ(1)

◆◆◆要点◆◆◆

▶和・積の法則

事柄 A と B の起こる場合がそれぞれ m, n 通りあるとき

・和の法則

A と B が同時には起こらないとき，A と B のいずれかが起こる場合の数は　$m+n$ 通り

・積の法則

A と B が共に起こる場合の数は　$m\times n$ 通り

▶順列 ―― 異なる n 個のものから r 個取る順列

$${}_n\mathrm{P}_r = \underbrace{n(n-1)\cdots\cdots(n-r+1)}_{r\text{個}} = \frac{n!}{(n-r)!}$$

$${}_n\mathrm{P}_n = n!, \quad 0! = 1, \quad {}_n\mathrm{P}_0 = 1$$

▶組合せ ―― 異なる n 個のものから r 個取る組合せ

$${}_n\mathrm{C}_r = \frac{{}_n\mathrm{P}_r}{r!} = \frac{n!}{r!(n-r)!}$$

$${}_n\mathrm{C}_0 = 1, \quad {}_n\mathrm{C}_n = 1, \quad {}_n\mathrm{C}_r = {}_n\mathrm{C}_{n-r}$$

▶円順列 ―― n 個のものを円形に並べる順列

$$\frac{n!}{n} = (n-1)!$$

▶重複順列 ―― 異なる n 個のものから重複を許して r 個取り出して並べた順列

$$\underbrace{n\times n\times\cdots\cdots\times n}_{r\text{個}} = n^r$$

▶同じものを含む順列

$$\frac{n!}{p!q!r!\cdots\cdots} \quad (p+q+r+\cdots\cdots=n)$$

▶二項定理

$$(a+b)^n = {}_n\mathrm{C}_0a^n + {}_n\mathrm{C}_1a^{n-1}b + \cdots + {}_n\mathrm{C}_ra^{n-r}b^r + \cdots + {}_n\mathrm{C}_nb^n$$

${}_n\mathrm{C}_ra^{n-r}b^r$ を展開式の一般項という。

▶多項定理

$(a+b+c)^n$ の展開式における一般項は

$$\frac{n!}{p!q!r!}a^pb^qc^r \quad (p+q+r=n,\ p, q, r \geqq 0)$$

A

＊383 $x+y+z=7$ を満たす自然数 x，y，z の組はいくつあるか。

（教 p.227 練習 1）

＊384 大，小 2 つのさいころを同時に振るとき，次の場合の数を求めよ。

（教 p.228 練習 2）

(1) 目の和が 6 または 7 になる場合の数

(2) 目の和が 10 以上になる場合の数

(3) 目の和が奇数となる場合の数

＊385 次の場合の数を求めよ。 （教 p.228 練習 3）

(1) A 組の生徒 10 人，B 組の生徒 8 人の中から各 1 名の委員を選ぶとき，その選び方は何通りあるか。

(2) $(x+y)(a+b+c+d)$ を展開した式の項の個数を求めよ。

(3) 右図のように A 市から B 市への道が 3 本，B 市から C 市への道が 4 本ある。後戻りをしないで，A 市から B 市を経由して C 市へ行く方法は何通りあるか。

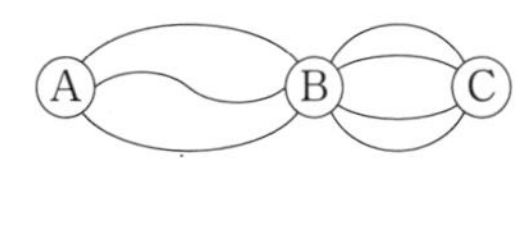

386 A，B 2 チームで試合を行い，どちらか先に 3 勝した方を勝ちとする。このとき，A が勝つ場合は何通りあるか。樹形図をかいて答えよ。

（教 p.227 練習 1）

387 次の数の正の約数の個数を求めよ。 （教 p.228 練習 4）

(1) 500　　＊(2) 720

388 次の値を求めよ。 （教 p.230 練習 5）

(1) ${}_9\mathrm{P}_2$　　(2) ${}_8\mathrm{P}_3$　　(3) ${}_7\mathrm{P}_4$　　(4) $6!$

＊389 次の場合の数を求めよ。 （教 p.230 練習 6）

(1) 10 人の委員の中から，委員長と書記を各 1 名選ぶ場合の数

(2) 異なる 8 冊の本の中から，1 冊ずつ 4 人の生徒にあげる場合の数

(3) 8 区間を走る駅伝レースで，8 人が走る順番の決め方の場合の数

(4) 1，2，3，4，5 の 5 個の数字のうち 3 個の数字を用いて 3 桁の整数をつくるとき，整数はいくつできるか。また，このうち奇数はいくつあるか。

B

例題 3 0，1，2，3，4，5 の 6 個の数字のうち，異なる 3 個の数字を用いて 3 桁の整数をつくるとき，次の問いに答えよ。

(1) 3 桁の整数はいくつできるか。 (2) 偶数はいくつできるか。

考え方 百の位に入る数字は何通りあるかをまず考える。

解 (1) 百の位には 0 以外の数字が入るから，選び方は 5 通り。十，一の位には残り 5 個の数字から 2 個選んで並べるから，求める個数は，$5 \times {}_5P_2 = 5 \times (5\cdot4) = 100$（個）

百 十 一
5通り ${}_5P_2$ 通り

(2) 一の位は 0，2，4 のいずれかである。

(i) 0 のとき，百，十の位は残り 5 個のうち 2 個を並べればよい。

(ii) 2 または 4 のとき，百の位は 0 以外の残りの 4 個の 4 通り，十の位は残りの 4 個から 1 個を並べればよい。よって

$${}_5P_2 + 2 \times (4 \times 4) = 5\cdot4 + 32 = 52 \text{（個）}$$

＊390 0，1，2，3，4，5，6 の 7 個の数字から，異なる 4 個の数字を選んで 4 桁の整数をつくるとき，次のものを求めよ。

(1) 4 桁の整数はいくつできるか。

(2) 奇数はいくつできるか。 (3) 5 の倍数はいくつできるか。

391 7 冊の異なる本を本棚に 1 列に並べたい。特定の 3 冊を隣り合わせて並べるとき，その並べ方は何通りあるか。

＊392 [1]，[2]，[3]，[4]，[5]，[6]，[7] の 7 枚のカードがある。これらを横 1 列に並べるとき，次の並べ方は何通りあるか。

(1) 4 つの奇数が連続して並ぶ。

(2) 両端のうち，少なくとも一方は偶数である。

(3) どの偶数も隣り合わない。

発展問題

＊393 a，b，c，d，e の 5 文字を 1 つずつ用いて，120 個の順列をつくり，これらを辞書式に abcde から edcba まで並べてある。

(1) 順列 bdcea は第何番目か。

(2) 第 50 番目にある順列は何か。

2-2 場合の数・順列・組合せ(2)

A

394 次の値を求めよ。 (教 p.233 練習 9，11)

(1) ${}_5C_2$ (2) ${}_8C_3$ (3) ${}_7C_7$ (4) ${}_{10}C_8$

***395** 次の場合の数を求めよ。 (教 p.233 練習 10)

(1) 異なる 10 冊の本から 4 冊を図書館に寄贈したい。選び方は何通りあるか。

(2) 円周上に異なる 6 つの点がある。この点を結んで三角形をつくると全部でいくつできるか。

(3) 1 個のさいころを 7 回振るとき，1 の目が 5 回，6 の目が 2 回出る場合の数を求めよ。

396 1 年生 10 人の中から 7 人，2 年生 5 人の中から 2 人の清掃係を決める方法は何通りあるか。 (教 p.234 練習 12)

***397** 右図のように，5 本の平行線と 4 本の平行線が交わっているとき，これらの平行線によって平行四辺形はいくつできるか。 (教 p.234 練習 12)

例題 4 9 人の学生を 3 人，3 人，3 人のグループに分ける方法は何通りあるか。

考え方 同じ人数に組分けするとき，人数による組の区別がつかないことに注意する。

解 9 人から 3 人を選ぶ方法は ${}_9C_3$ 通り。
残りの 6 人から 3 人を選ぶ方法は ${}_6C_3$ 通り。
残り 3 人は自動的に決まる。
ただし，同じ人数の 3 組は区別がつかない。
よって，$\dfrac{{}_9C_3 \times {}_6C_3 \times 1}{3!} = \dfrac{9 \cdot 8 \cdot 7}{3 \cdot 2 \cdot 1} \times \dfrac{6 \cdot 5 \cdot 4}{3 \cdot 2 \cdot 1} \times \dfrac{1}{3 \cdot 2 \cdot 1} = 280$（通り）

***398** 8 冊の異なる本を，次のように分ける方法は何通りあるか。

(1) 2 冊ずつ 4 人の子供に分ける。 (教 p.234 練習 13)

(2) 2 冊ずつ 4 つの組に分ける。

(3) 2 冊，3 冊，3 冊の 3 つの組に分ける。

B

*399　J1 所属の 5 人と J2 所属の 5 人の中から 4 人の選手を選ぶとき，次のような選び方は何通りあるか。

(1) すべての選び方　　(2) J1 の 2 人と J2 の 2 人を選ぶ。

(3) 少なくとも 1 人は J2 から選ぶ。

(4) 特定の 2 人 a，b をともに選ぶ。

(5) a は選ばれ，b は選ばれない。

*400　正 12 角形の 3 つの頂点を結んでできる三角形のうち，次のような三角形はいくつあるか。

(1) 正 12 角形と 1 辺だけを共有する三角形

(2) 正 12 角形と辺を共有しない三角形

401　平面上に 9 本の直線がある。それらのどの 2 本も平行でなく，どの 3 本も 1 点で交わることはない。このとき，次の問いに答えよ。

(1) 直線と直線の交点はいくつできるか。

(2) 三角形はいくつできるか。

402　3 個のさいころを投げ，出た目の数をそれぞれ a，b，c とするとき，次の条件を満たす場合は何通りあるか。

(1) $a=b=c$　　(2) $a<b<c$　　(3) $a \leqq b \leqq c$

発展問題

403　赤，青，黄，緑，黒の 5 色を使って，右の図の A，B，C，D，E の部分を塗り分けるとき，以下のそれぞれの場合において，塗り分けの方法は何通りあるか。ただし，同じ色は 2 回使用してもよいが，隣りあう部分は異なる色となるようにする。

A			
B	C	D	E

(1) 赤，青，黄の 3 色で塗り分ける。

(2) 3 色で塗り分ける。

(3) 5 色のうちの何色かで塗り分ける。

2-3 場合の数・順列・組合せ(3)

A

＊**404**　大人と子供各 4 人が円卓のまわりに座るとき，次の問いに答えよ。

(教 p.235 練習 14)

(1)　全部で何通りの座り方があるか。

(2)　大人と子供が交互に座る方法は何通りあるか。

405　＊(1)　6 個の数字 1, 2, 3, 4, 5, 6 を使って 3 桁の整数をつくるとき，同じ数字を繰り返し用いてもよいとすると，整数はいくつできるか。(教 p.236 練習 15)

(2)　4 人が 1 回じゃんけんをするとき，その手の出し方は何通りあるか。

406　1，1，1，2，2 の 5 個の数字がある。次のような整数の個数を求めよ。

(教 p.237 練習 16)

(1)　5 個の数字を横 1 列に並べてできる 5 桁の整数

＊(2)　5 個の数字から 4 個を用いてできる 4 桁の整数

例題 5　electric の 8 文字を 1 列に並べるとき，l が t より左にあるような並べ方は何通りあるか。

考え方　l と t を同じ □，□ として順列をつくり，後から □，□ に左から l，t をかき込むと考える。

解　e と e，c と c，□，□(l と t)，r，i を並べればよい。

よって，$\dfrac{8!}{2!2!2!}=5040$ (通り)

407　applepie の 8 文字を横 1 列に並べるとき，(教 p.237 練習 16)

(1)　e が 2 文字続かないものは何通りあるか。

＊(2)　a，l，i がこの順に並ぶものは何通りあるか。

(3)　a，l，i が必ず先頭から 4 番目までに入っているものは何通りあるか。

＊**408**　右図のような道を通って，A 地点から B 地点まで行くときの最短経路を考えるとき，次の道順は何通りあるか。(教 p.237 練習 17)

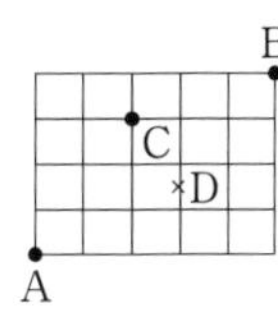

(1)　全部の道順

(2)　C 地点を経由して行く道順

(3)　D 地点を経由しないで行く道順

B

*409　大人 2 人と子供 4 人が円卓にすわるとき，次の場合の数を求めよ。
(1)　大人 2 人が向かい合ってすわる場合の数
(2)　大人 2 人の間に特定の子供 a がはさまれてすわる場合の数

*410　3 個の数字 1，2，3 を用いて 6 桁の整数をつくるとき，同じ数字を何回でも用いてもよいことにすると全部でいくつできるか。また，同じ数字を 5 回まで用いてよいことにするといくつできるか。

411　6 個の赤い球と 5 個の青い球がある。これらを横 1 列に並べるとき，次の問いに答えよ。ただし，同色の球は区別しないものとする。
(1)　全部で何通りの並べ方があるか。
*(2)　左右対称になるものは何通りあるか。

*412　6 人を次のように 2 つの部屋 A，B に入れる方法は何通りか。
(1)　1 人も入らない部屋があってもよい。
(2)　どの部屋にも少なくとも 1 人は入る。

413　正五角錐の 6 つの面を赤，青，黄，白，緑，黒の 6 色すべてを用いて塗り分ける方法は何通りあるか。ただし，回転して同じになるときは，同じ塗り方とみなす。

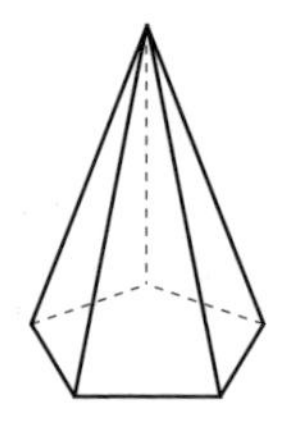

発展問題

*414　次の問いに答えよ。ただし，回転して同じになるときは，同じ塗り方とみなす。
(1)　立方体の 6 つの面を赤，青，黄，白，緑，黒の 6 色すべてを用いて塗り分ける方法は何通りあるか。
(2)　立方体の 6 つの面を赤，青，黄，白，緑の 5 色すべてを用いて塗り分けるには，何通りの方法があるか。ただし，同じ色は隣りあわないものとする。

2-4 場合の数・順列・組合せ(4)

A

＊415 次の式を展開せよ。 (教 p.240 練習 19)

(1) $(a+b)^5$　　＊(2) $(3x+2y)^4$

(3) $(x-1)^6$　　＊(4) $(2a-b)^5$

416 次の式を展開したときの〔 〕内の項の係数を求めよ。 (教 p.240 練習 20)

(1) $(5x+1)^4$ 〔x^2〕　　＊(2) $(a+3b)^5$ 〔a^2b^3〕

＊(3) $(4x-y)^6$ 〔x^2y^4〕　　(4) $(p-2q)^7$ 〔p^4q^3〕

＊417 次の式を展開したときの〔 〕内のものを求めよ。 (教 p.240 練習 20)

(1) $(2x+y^2)^8$ 〔x^3y^{10} の係数〕　　(2) $\left(x^2+\dfrac{3}{x}\right)^6$ 〔定数項〕

B

例題 6 $(a+b+c)^9$ の展開式における $a^4b^3c^2$ の係数を求めよ。

考え方 $\{(a+b)+c\}^9$ と考えて展開する。

解 $(a+b+c)^9=\{(a+b)+c\}^9$ と考えて展開すると，c^2 を含む項は

${}_9\mathrm{C}_2(a+b)^7c^2$

さらに，$(a+b)^7$ の展開式における a^4b^3 の項は ${}_7\mathrm{C}_3a^4b^3$

よって，$a^4b^3c^2$ の係数は

${}_9\mathrm{C}_2\times{}_7\mathrm{C}_3=36\times35=1260$

(別解) 多項定理：$(a+b+c)^n$ の展開式の一般項は

$\dfrac{n!}{p!q!r!}a^pb^qc^r \quad (p+q+r=n)$

であることを用いて，$\dfrac{9!}{4!3!2!}=1260$ として求めてもよい。

＊418 次の式を展開したときの〔 〕内の項の係数を求めよ。

(1) $(a-b+c)^6$ 〔ab^3c^2〕　　(2) $(a+b+2c)^8$ 〔$a^3b^2c^3$〕

発展問題

419 $(x^2-2x+3)^5$ の展開式における x^3 の係数を求めよ。

3 命題と証明

◆◆◆要点◆◆◆

▶**必要条件と十分条件**

命題「$p \Longrightarrow q$」が真であるとき,

p は q であるための十分条件

q は p であるための必要条件

▶**条件の否定**

$\overline{p \text{ かつ } q} \Longleftrightarrow \overline{p}$ または $\overline{q}$　　$\overline{p \text{ または } q} \Longleftrightarrow \overline{p}$ かつ $\overline{q}$

▶**対偶と背理法**

命題「$p \Longrightarrow q$」に対して「$\overline{q} \Longrightarrow \overline{p}$」を対偶という。

背理法：命題が成り立たないと仮定して，矛盾が生じることを示す証明方法。

▶**数学的帰納法**

自然数 n についての命題 $P(n)$ の証明法。

[1] $n=1$ のとき，P が成り立つ。

[2] $n=k$ のとき，P が成り立つと仮定すると，$n=k+1$ のときも成り立つ。

A

***420** 次の命題の真偽を調べよ。ただし，文字はすべて実数とする。

(1) $x^2>4 \Longrightarrow x>2$ である。　(教 p.244 練習 2)

(2) $ac=bc \Longrightarrow a=b$ である。

(3) x，y が無理数 $\Longrightarrow x+y$ は無理数である。

***421** 次の□の中に必要・十分・必要十分のうち最も適するものを入れよ。ただし，文字はすべて実数とする。　(教 p.245-246 練習 3-4)

(1) $x=3$ は $x^2-9=0$ であるための□条件

(2) $ab>0$ は $a>0$，$b>0$ であるための□条件

(3) $x=y=0$ は $x^2+y^2=0$ であるための□条件

(4) $x=1$，$y=2$ は $x+y=3$，$x-y=-1$ であるための□条件

(5) $a=b$ は $a^2=b^2$ であるための□条件

(6) $a+c>b+d$ は $a>b$，$c>d$ であるための□条件

＊422　次の条件の否定をいえ。ただし，m，n は自然数とする。　(教 p.247 練習 6)

(1)　m かつ n は偶数である。　(2)　$a=0$ または $b=0$ である。

(3)　ある x について 0 である。　(4)　すべての x で $f(x) \geqq 0$ である。

(5)　$x+y>0$ かつ $xy>0$ である。　(6)　x，y はともに 0 である。

B

423　次の命題の逆・裏・対偶を述べ，その真偽をいえ。

(1)　$a=1$ ならば $a^2=1$ である。　＊(2)　長方形なら平行四辺形である。

424　次の□の中に，必要・十分・必要十分のうち適するものを入れよ。

(1)　p, q が実数のとき，$q>0$ であることは 2 次方程式 $x^2+2px+q=0$ が実数解をもたないための□条件である。

(2)　x，y が有理数であることは $x+y$ が有理数であるための□条件である。

(3)　$|x-y|<1$ であることは $x-1<y<x+1$ であるための□条件である。

＊425　次の命題を対偶を用いて証明せよ。ただし，文字は整数とする。

(1)　n^2 が奇数ならば，n は奇数である。

(2)　xy が偶数ならば，x または y は偶数である。

＊426　次の(1)，(2)を証明せよ。

(1)　奇数の 2 乗に 3 を加えたものは 4 の倍数である。

(2)　奇数の 2 乗は 8 で割ると 1 余る。

427　n を自然数とするとき，8^n-5^n は 3 の倍数であることを数学的帰納法で証明せよ。

発展問題

428　条件 p : $x^2-6x+5<0$，q : $x^2-(a+3)x+3a \leqq 0$ について，p が q の必要条件となるように定数 a の値の範囲を求めよ。

429　a，b，c を自然数とするとき，次の(1)，(2)を証明せよ。

(1)　a^2 を 3 で割ると余りは 0 か 1 である。

(2)　$a^2+b^2=c^2$ ならば，a，b のうち少なくとも 1 つは 3 の倍数である。

8章の問題

1　1円硬貨5枚，10円硬貨3枚，100円硬貨2枚がある。これらの一部または全部を用いて，つり銭をもらわないで支払える金額は何通りか。

2　区別のつかない3つのさいころを同時に振るとき，目の和が9になる場合の数を求めよ。また，区別のできる3つのさいころの場合の数を求めよ。

3　A，B，Cの3人がじゃんけんを1回だけするとき，次の場合の数を求めよ。

(1)　1人だけが勝つ場合の数　　(2)　あいこになる場合の数

4　白8個，黒5個の碁石を横一列に並べるとき，次の問いに答えよ。ただし，同色の石は区別しないものとする。

(1)　黒石どうしが隣りあわないような並べ方は全部で何通りあるか。

(2)　黒石が4個以上連続しないような並べ方は全部で何通りあるか。

5　プロの棋士5人，アマの棋士4人からなるグループがあるとき，次の問いに答えよ。

(1)　このグループから3人を選んだとき，その中に必ずプロとアマの棋士が混ざっている選び方は何通りあるか。

(2)　このグループから3組のプロとアマのペアをつくる方法は何通りあるか。

6　右のような街路で，AからBまで行く最短経路のうち，次のような経路は何通りあるか。

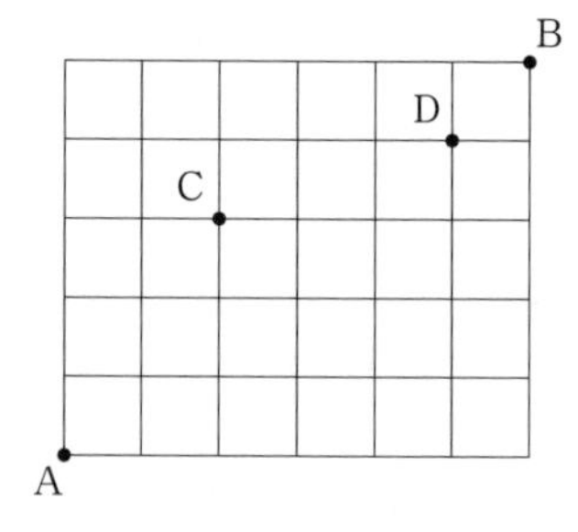

(1)　すべての経路

(2)　CとDをともに通る経路

(3)　Cを通って，Dを通らない経路

(4)　CまたはDを通る経路

7　8人を次のように分ける方法は何通りあるか。

(1)　2人と6人の組　　(2)　1人，2人，5人の3組

(3)　A組に4人，B組に4人　　(4)　4人と4人の組

(5)　2人，2人，4人の3組　　(6)　2人，2人，2人，2人の4組

8 4組の夫婦，合わせて8人の男女がいるとき，次の問いに答えよ。

(1) この8人を4人ずつ2つのグループに分ける方法は何通りあるか。また，このとき，どの夫婦も別のグループに分かれる場合は何通りあるか。

(2) この8人をそれぞれ2人以上の2つのグループに分ける方法は何通りあるか。また，このとき，男性だけのグループができる分け方は何通りあるか。

9 8個の座席が円形に並んでいる。この座席に6人が座るとき，次の問いに答えよ。

(1) 座り方は何通りか。

(2) 2つの空席が隣りあう座り方は何通りか。

(3) 2つの空席が向かいあう座り方は何通りか。

10 100から999までの3桁の自然数について，次のものの個数を求めよ。

(1) 1が使われてないもの

(2) 1も2も使われないもの

(3) 1または2が使われてないもの

11 8人を3つの部屋に入れる方法は，次の(1)〜(3)のそれぞれの場合について何通りあるか。ただし，どの部屋にも少なくとも1人は入れるものとする。

(1) 人も部屋も区別しないで，人数の分け方だけで考えた場合

(2) 人は区別しないが，部屋は区別して考えた場合

(3) 人も部屋も区別して考えた場合

12 $(x-1)^4(x+2)^5$ の展開式における x^2 の係数を求めよ。

13 $(1+x)^n$ の展開式を利用して，次の等式が成り立つことを証明せよ。

(1) ${}_nC_0+{}_nC_1+{}_nC_2+{}_nC_3+\cdots\cdots+{}_nC_n=2^n$

(2) ${}_nC_0+2{}_nC_1+2^2{}_nC_2+2^3{}_nC_3+\cdots\cdots+2^n{}_nC_n=3^n$

(3) ${}_nC_0-{}_nC_1+{}_nC_2-{}_nC_3+\cdots\cdots+(-1)^n{}_nC_n=0$

14 $\sqrt{6}$ が無理数であることを用いて，$\sqrt{3}-\sqrt{2}$ は無理数であることを証明せよ。

詳しい解答や図・証明は，弊社 Web サイト（https://www.jikkyo.co.jp）の本書の紹介からダウンロードできます。

解答

1章　数と式

1. 整式

1 xについて，次数は3，係数は $-2a^3y$，
yについて，次数は1，係数は $-2a^3x^3$
xとyについて，次数は4，係数 $-2a^3$

2 (1) 整式の次数は4次，xの次数は3次，x^3の係数は3，x^2の係数は $-2y$，xの係数はy^3，定数項は$4y^2$
(2) 整式の次数は5次，aの次数は2次，a^2の係数は $-3b+2b^3$，
aの係数は$b-4b^2$，定数項は$5b^2$

3 (1) $3x^2+10x-13$　(2) x^2+3x-7
(3) $-x^2+17x-4$
(4) $-3x^2+3x+3$

4 (1) a^8　(2) $-6x^2y^4$　(3) x^5
(4) a^4b^2　(5) a^3b^4　(6) abx^3y^4

5 (1) x^2y-xy^2
(2) $a^3b^2-a^2b^3+a^2b^2$
(3) $2x^2-xy+2x+y-y^2$
(4) $a^3-5a^2b+8ab^2-6b^3$
(5) $x^4+3x^3+4x^2+5x-3$
(6) $4x^5+9x^3-3x^2+2x-6$
(7) $2x^4-6x^3+4x^2-13x+3$
(8) $2x^5-x^4+4x^3+2x^2-7x-20$

6 (1) $4x^2+4x+1$　(2) x^2-36
(3) x^2+x-12　(4) $12x^2+7x-10$
(5) $8x^3+60x^2+150x+125$
(6) $27x^3-108x^2+144x-64$

7 (1) $a^2+2ab+b^2-1$
(2) $a^2-ab-6b^2+2a-b+1$
(3) $x^2+2xy+y^2-2x-2y+1$
(4) x^4-50x^2+625　(5) x^4-1
(6) $16x^4-81y^4$

8 (1) $xy(x-4y)(x+3y)$
(2) $(a-b)(x+3)$　(3) $(a+6)^2$
(4) $(2x+3y)^2$　(5) $(x+8)(x-8)$
(6) $(x+6)(x-4)$
(7) $(x-6)(x+3)$
(8) $(x+2y)(x+6y)$

9 (1) $(3x+5)(x-2)$
(2) $(5x-4)(2x-3)$
(3) $(2x+y)(6x-y)$
(4) $(3x+5y)(2x-3y)$
(5) $(4m+3n)(m-2n)$
(6) $2a(2b-1)(b-3)$

10 (1) $(a-4)(a^2+4a+16)$
(2) $(3a+5)(9a^2-15a+25)$
(3) $3(2x-3y)(4x^2+6xy+9y^2)$

11 (1) $(a-b-3)^2$
(2) $(x+y+7)(x+y-2)$
(3) $(x+y)(x-y+4)$
(4) $-3(x-y)(x+y)$
(5) $(a+b)(b+c)$
(6) $(a+b)(ab-bc+ca)$

12 (1) $(ax-1)(x-1)$
(2) $(ax+1)(bx-1)$
(3) $(a+b+c)(a-3b-3c)$
(4) $(x+y+1)(x-y+1)$
(5) $(x+2y-2)(x+y-3)$
(6) $(2x-y+1)(x+2y+3)$

13 $5x^2-5xy-3y^2$

14 (1) a^6-b^6　(2) x^6-19x^3-216
(3) $4a^4-37a^2b^2+9b^4$

15 (1) $x^4-2x^3-6x^2+6x+9$
(2) $x^4-2x^3-13x^2+14x+24$
(3) $x^4-5x^3-30x^2+40x+64$
(4) $2x^4+4x^3+x^2-x-3$

16 (1) $8ac$　(2) $8ac$

17 (1) $(a+b)(b+c)(c-a)$
(2) $(a+b+c)(ab+bc+ca)$

18 (1) $a(a^4+4)(a+2)(a-2)$
(2) $(3a+2b)^2(3a-2b)^2$
(3) $(x+2y)(x-2y)(x^2+3y^2)$
(4) $(2x+y)(2x-y)(x+3y)(x-3y)$

19 (1) $(x^2+4x+8)(x^2-4x+8)$
(2) $(x^2+2xy-2y^2)(x^2-2xy-2y^2)$

20 (1) $(x+2)^3$　(2) $(3x+1)^3$
(3) $(x+2y)(x^2-2xy+4y^2)\times(x-2y)(x^2+2xy+4y^2)$
(4) $(2x+1)^3(2x-1)^3$

21 (1) $a^2-b^2+c^2-d^2-2ac+2bd$

(2) $a^{16}+a^8+1$

22 (1) $(xy+x+1)(xy+y+1)$
(2) $3(a-b)(b-c)(c-a)$
(3) $(a-1)(a+b+1)(a-b+1)$

2. 整式の除法と分数式

23 (1) 商 $2x-1$，余り 4
(2) 商 $x+1$，余り -7
(3) 商 $2x^2+x+1$，余り 0
(4) 商 x^2-2x+1，余り 0
(5) 商 $3x+4$，余り $15x+7$
(6) 商 $2x-3$，余り $-13x+2$

24 (1) $B=x^2+x-3$
(2) $B=x+2$

25 (1) 商 $x-3a$，余り 0
(2) 商 $x^2-2xy+2y^2$，余り y^3
(3) 商 $x^2+2xy-2y^2$，余り 0
(4) 商 $x-y$，余り $2xy^2-2y^3$

26 (1) 最大公約数　xy
最小公倍数　$x^2y^2z^2$
(2) 最大公約数　$2x+1$
最小公倍数　$(2x+1)(2x-1)(x+1)$

27 (1) $-9x$　(2) $2ab^2$
(3) $-8x^5y$　(4) $-\dfrac{4}{3}ab^3$

28 (1) $\dfrac{x}{x+3}$　(2) 1　(3) $\dfrac{-8xy}{b}$
(4) $\dfrac{x}{x^2-2x-3}$

29 (1) 2　(2) $x+2$　(3) 1
(4) $-2a-b$

30 (1) $\dfrac{x^2+x+6}{(x+3)(x-1)}$　(2) $\dfrac{a-b}{ab}$
(3) $\dfrac{a^2}{(a+2b)(a-2b)}$
(4) $\dfrac{-6x}{(x+1)(x+3)(x-2)}$

31 (1) $x+1$　(2) $\dfrac{1}{x+1}$
(3) $\dfrac{1}{x+1}$

32 (1) $1+\dfrac{3}{x+1}$　(2) $x-2+\dfrac{1}{x-3}$
(3) $x+4-\dfrac{x+2}{x^2+2}$

33 x^4+x^2-3x+2

34 $-14x-14$

35 (1) $\dfrac{x+2}{x-2}$　(2) 0　(3) $\dfrac{2ab}{a^2-b^2}$

36 (1) $\dfrac{4}{x(x-4)}$　(2) $\dfrac{4}{a(a+12)}$

37 (1) $\dfrac{8(x^2+8x+13)}{(x+1)(x+3)(x+5)(x+7)}$
(2) $\dfrac{30}{x(x+2)(x+3)(x+5)}$

38 (1) 商 $2x-1$，余り 4
(2) 商 $3x^2-8x+8$，余り -9

3. 数

39 (1) 0.125　(2) 0.375
(3) $1.\dot{4}2857\dot{1}$　(4) $-0.\dot{4}\dot{5}$

40 (1) 7　(2) $\sqrt{5}-2$　(3) $\pi-3$
(4) 1

41 $x=-4,\ -2,\ 0,\ 5$ の順に，
(1) $2,\ 0,\ 2,\ 7$
(2) $9,\ 7,\ 5,\ 0$
(3) $7,\ 5,\ 5,\ 11$

42 (1) 7　(2) 2

43 (1) 4　(2) 11　(3) 0.04
(4) $\dfrac{3\sqrt{3}}{4}$　(5) 7　(6) 8
(7) -3　(8) 6　(9) $6\sqrt{6}$
(10) $6\sqrt{6}$　(11) 2　(12) 5

44 (1) $-\sqrt{5}$　(2) $\dfrac{5\sqrt{7}}{2}$
(3) $5\sqrt{3}$　(4) 0　(5) $9-6\sqrt{2}$
(6) 18　(7) $7\sqrt{3}-7\sqrt{2}$
(8) $18+5\sqrt{10}$

45 (1) $\dfrac{4\sqrt{2}}{3}$　(2) $\dfrac{3-\sqrt{6}}{3}$
(3) $\dfrac{5-\sqrt{7}}{3}$　(4) $7-4\sqrt{3}$
(5) $2+\sqrt{3}$　(6) $5+2\sqrt{6}$

46 (1) $2\sqrt{5}$　(2) 3　(3) $7-4\sqrt{5}$
(4) 14　(5) $22\sqrt{5}$　(6) 42

47 (1) 実部 2，虚部 3
(2) 実部 0，虚部 -1
(3) 実部 3，虚部 0

48 (1) $x=3,\ y=-2$
(2) $x=-1,\ y=2$
(3) $x=1,\ y=2$

(4) $x=3$, $y=-7$

49 (1) $-8-6i$ (2) $1-6i$
(3) $8+i$ (4) $2i$ (5) 34
(6) $-7-i$

50 (1) 共役な複素数 $6-2i$, 和 12, 積 40
(2) 共役な複素数 $-3+i$, 和 -6, 積 10
(3) 共役な複素数 4, 和 8, 積 16
(4) 共役な複素数 $-\sqrt{3}i$, 和 0, 積 3

51 (1) $\dfrac{4+3i}{5}$ (2) $\dfrac{1-4\sqrt{3}i}{7}$
(3) $-\dfrac{\sqrt{6}i}{3}$ (4) $\dfrac{2}{3}$
(5) $-\dfrac{3}{5}i$ (6) $\dfrac{-3+i}{2}$

52 (1) $5\sqrt{2}i$ (2) $-9\sqrt{3}$
(3) $3\sqrt{6}$ (4) 5 (5) $\sqrt{6}i$
(6) $-\dfrac{\sqrt{2}}{2}i$

53 略

54 (1) $\sqrt{2}$ (2) 2 (3) 2
(4) $\sqrt{10}$ (5) $\dfrac{1}{2}$ (6) $\sqrt{5}$

55 (1) $3-x$ (2) $-x+5$

56 2

57 (1) 7 (2) 18 (3) $\pm\sqrt{5}$

58 (1) 5 (2) $2\sqrt{2}-2$ (3) 4

59 (1) 0 (2) 4 (3) 0 (4) $\dfrac{5}{2}$

60 純虚数になるのは $a=-1$, このとき純虚数は $-\dfrac{2}{5}i$
実数になるのは $a=1$, このとき実数は $\dfrac{2}{5}$

61 $\dfrac{3}{\sqrt{2}}-\dfrac{1}{\sqrt{2}}i$, $-\dfrac{3}{\sqrt{2}}+\dfrac{1}{\sqrt{2}}i$

1章の問題

1 (1) a^8-b^8 (2) $1-3x^2+3x^4-x^6$
(3) $x^8+x^4y^4+y^8$
(4) $a^2b-ab^2+b^2c-bc^2+c^2a-ca^2$

2 x^5 の係数は -12
x^3 の係数は 21

3 (1) $x(x+5)(x^2+5x+10)$
(2) $(a+b)(b+c)(c+a)$
(3) $3(a+b)(b+c)(c+a)$

4 (1) $\dfrac{2\sqrt{3}+3\sqrt{2}}{6}$ (2) 97

5 $a\geqq1$ のとき a
$0<a<1$ のとき $\dfrac{1}{a}$

6 (1) 0 (2) $-2\sqrt{3}$

7 (1) -2 (2) $2\sqrt{6}$ (3) $36\sqrt{6}$

8 略

2章 2次関数とグラフ, 方程式・不等式

1. 2次方程式

62 (1) $x=\pm3$ (2) $x=\pm\sqrt{5}i$
(3) $x=3\pm\sqrt{2}$

63 (1) $x=0$, $-\dfrac{3}{2}$ (2) $x=-2$, -5
(3) $x=-\dfrac{5}{3}$, $\dfrac{5}{3}$ (4) $x=\dfrac{5}{2}$
(5) $x=-\dfrac{2}{3}$, 5 (6) $x=-\dfrac{1}{2}$, $\dfrac{8}{9}$

64 (1) $x=\dfrac{1\pm\sqrt{5}}{2}$
(2) $x=\dfrac{3\pm\sqrt{7}i}{2}$
(3) $x=\sqrt{3}$
(4) $x=\dfrac{-2\pm\sqrt{10}}{3}$
(5) $x=\dfrac{3\pm\sqrt{21}}{4}$
(6) $x=\dfrac{5\pm\sqrt{2}i}{3}$

65 (1) 異なる 2 つの虚数解をもつ。
(2) 重解をもつ。
(3) 異なる 2 つの虚数解をもつ。
(4) 異なる 2 つの実数解をもつ。

66 (1) $k=2$ のとき 重解は $x=-1$
(2) $k=2$ のとき 重解は $x=1$
$k=-6$ のとき 重解は $x=-3$

67 (1) 1 (2) -1 (3) $\dfrac{3}{2}$
(4) -2 (5) 4

68 $k=4$ のとき，2つの解は 1，3

$k=\frac{4}{3}$ のとき，2つの解は $\frac{1}{3}$，1

69 (1) $(x+1+\sqrt{2}i)(x+1-\sqrt{2}i)$

(2) $(2x-3-i)(2x-3+i)$

(3) $-\frac{1}{3}\left(x-\frac{1+\sqrt{13}}{4}\right)\left(x-\frac{1-\sqrt{13}}{4}\right)$

(4) $3\left(x-\frac{5+\sqrt{2}i}{3}\right)\left(x-\frac{5-\sqrt{2}i}{3}\right)$

70 (1) $x^2+3x-18=0$

(2) $x^2-4x+2=0$

(3) $x^2-6x+13=0$

71 (1) $x^2-x+3=0$

(2) $x^2-6x+20=0$

(3) $x^2-8x+15=0$

72 $m=-2$，$n=5$

73 $a=5$ のとき，他の解は 6

$a=-1$ のとき，他の解は 0

74 $p=10$，2つの解は 4，6

$p=-10$，2つの解は -6，-4

75 $k=8$，2つの解は 2，4

$k=-27$，2つの解は -3，9

76 $k=-8$ のとき，共通解は 6

77 縦 2.5 m，横 6 m

78 (1) $3<k<7$　(2) $k<3$

79 (1) $a\neq 1$ のとき，$x=a+1$

$a=1$ のとき，x はすべての実数

(2) $a\neq 0$ のとき，$x=\frac{1}{a}$，1

$a=0$ のとき，$x=1$

2. 2次関数とグラフ

80 (1) -2　(2) 4　(3) -11

(4) $3a-2$　(5) $3a+1$　(6) 3

(7) 12　(8) 8　(9) $8a^2+6a+3$

(10) $2a^2-7a+8$

81 グラフ略。(1) 上に凸　(2) 下に凸

(3) 下に凸

82 グラフ略。

(1) 軸 $x=0$，頂点 $(0,\ -1)$

(2) 軸 $x=0$，頂点 $(0,\ -1)$

(3) 軸 $x=3$，頂点 $(3,\ 0)$

(4) 軸 $x=-1$，頂点 $(-1,\ 0)$

83 グラフ略。

(1) 軸 $x=2$，頂点 $(2,\ -3)$

(2) 軸 $x=-1$，頂点 $(-1,\ -3)$

(3) 軸 $x=3$，頂点 $(3,\ 4)$

(4) 軸 $x=-2$，頂点 $(-2,\ 4)$

84 グラフ略。

(1) 軸 $x=-2$，頂点 $(-2,\ 3)$

(2) 軸 $x=1$，頂点 $(1,\ 3)$

(3) 軸 $x=-\frac{3}{2}$，頂点 $\left(-\frac{3}{2},\ -\frac{3}{2}\right)$

(4) 軸 $x=\frac{2}{3}$，頂点 $\left(\frac{2}{3},\ -\frac{7}{3}\right)$

(5) 軸 $x=\frac{5}{4}$，頂点 $\left(\frac{5}{4},\ -\frac{41}{8}\right)$

(6) 軸 $x=-3$，頂点 $(-3,\ 4)$

85 (1) $y=3(x+2)^2+4$

(2) $y=3(x-2)^2-3$

86 $y=-(x+1)^2+7$ $(y=-x^2-2x+6)$

87 (1) $y=2(x-1)^2-5$

(2) $y=-\frac{1}{2}(x-1)^2+2$

(3) $y=(x+2)^2-1$

(4) $y=-2(x+1)^2+8$

(5) $y=-2x^2+3x-1$

88 (1) 最小値なし，

$x=1$ のとき最大値 -2

(2) $x=\frac{5}{2}$ のとき最小値 $-\frac{9}{2}$，

最大値なし

(3) 最小値なし，

$x=4$ のとき最大値 1

(4) $x=1$ のとき最小値 -3，

$x=-1$ のとき最大値 1

(5) $x=-2$ のとき最小値 -9，

$x=\frac{1}{4}$ のとき最大値 $\frac{9}{8}$

(6) $x=-3$ のとき最小値 $\frac{5}{4}$，

$x=-4$ のとき最大値 2

89 $y=\frac{3}{2}(x+2)^2+2$

90 (1) $y=-x^2-2x+4$

(2) $y=-\frac{1}{2}(x-3)^2+4$

(3) $y=-\frac{1}{9}x^2$ と $y=-(x-4)^2$

91 $a=2$，$b=-4$，最小値 2

92 $a=-2$，$b=-3$ と $a=2$，$b=-5$

93 (1) $x=\frac{3}{2}$, $y=\frac{3}{2}$ のとき最小値 $\frac{9}{2}$, 最大値なし
(2) $x=\frac{1}{2}$, $y=\frac{3}{4}$ のとき最大値 $\frac{5}{4}$, 最小値なし
(3) $x=\frac{4}{5}$, $y=\frac{2}{5}$ のとき最小値 $\frac{4}{5}$,
$x=0$, $y=2$ のとき最大値 4

94 $0<a<2$ のとき $-a^2+4a-1$
$2\leqq a$ のとき 3

95 (1) $a<0$ のとき a^2+2,
$0\leqq a\leqq 2$ のとき 2,
$2<a$ のとき a^2-4a+6
(2) $a\leqq 1$ のとき a^2-4a+6,
$1<a$ のとき a^2+2

96 (1) $t<1$ のとき $m(t)=t^2-2t-2$
$1\leqq t<2$ のとき $m(t)=-3$
$t\geqq 2$ のとき $m(t)=t^2-4t+1$
(2) 略

97 $x=-1$, $y=1$ のとき最小値 2

3. 2次関数のグラフと2次方程式・2次不等式

98 (1) $x=2+\sqrt{3}$, $2-\sqrt{3}$
(2) $x=1$, $-\frac{1}{3}$ (3) $x=\frac{1}{3}$
(4) 共有点なし

99 (1) $k<4$ のとき 2 個
$k=4$ のとき 1 個
$k>4$ のとき 0 個
(2) $k>-\frac{3}{2}$ のとき 2 個
$k=-\frac{3}{2}$ のとき 1 個
$k<-\frac{3}{2}$ のとき 0 個

100 (1) $x\geqq 3$ (2) $x>-3$
(3) $x>2$ (4) $x\geqq 1$
(5) $x<\frac{7}{2}$ (6) $x>4$
(7) $x\geqq\frac{8}{3}$ (8) $x<-2$
(9) $x>3$ (10) $x<-\frac{7}{3}$
(11) $x<2$ (12) $x>-20$

101 (1) $-2<x<4$
(2) $x\leqq -6$, $3\leqq x$
(3) $x\leqq 0$, $\frac{4}{3}\leqq x$
(4) $-\frac{3}{2}<x<\frac{3}{2}$
(5) $x<\frac{1-\sqrt{6}}{5}$, $\frac{1+\sqrt{6}}{5}<x$
(6) $\frac{3-\sqrt{17}}{4}\leqq x\leqq\frac{3+\sqrt{17}}{4}$

102 (1) $x=3$ 以外のすべての実数
(2) 解なし (3) $x=\frac{5}{2}$
(4) すべての実数

103 (1) すべての実数 (2) $x=\frac{3}{2}$
(3) $x=1$ 以外のすべての実数
(4) 解なし

104 (1) $-3<x<4$ (2) $x\leqq -\frac{19}{5}$
(3) $-5\leqq x<2$ (4) $x<2$

105 (1) $-2\leqq x\leqq 1$ (2) $-3<x\leqq\frac{11}{3}$
(3) $-2\leqq x\leqq 3$ (4) $-\frac{3}{5}<x\leqq\frac{4}{3}$

106 (1) $\frac{1}{2}\leqq x<2$
(2) $-5<x\leqq -3$, $1\leqq x$
(3) $-3<x<-2$, $1<x<4$
(4) $x\leqq 1$, $4<x$

107 $-2<k\leqq 0$, $4\leqq k<6$

108 (1) $x=4$, -6 (2) $x=5$, -1
(3) $x=0$, -1

109 (1) $-6<x<4$ (2) $x\leqq -1$, $5\leqq x$
(3) $-1<x<0$

110 (1) $x=4$ (2) $x=3$
(3) $0\leqq x\leqq 2$ (4) $x<-4$, $1<x$

111 $k<\frac{5}{4}$ のとき 2 個
$k=\frac{5}{4}$ のとき 1 個
$k>\frac{5}{4}$ のとき 0 個

112 $a=1$, $b=-1$, または $a=-3$, $b=3$

113 1, 2, 3, 4

114 (1) 5, 6 (2) $3\leqq a<5$

115 (1) $b=-3$, $c=2$

(2) $a=-1$, $c=6$

116 (1) $0<a<3$ (2) $0<a<4$

117 $\frac{2}{3}<m<1$, $2<m<\frac{7}{3}$

2章の問題

1 (1) $a=2$, $b=5$ または $a=4$, $b=9$
(2) $a=2$, $b=1$ または $a=-6$, $b=9$
(3) $a=-2$, $b=-1$ または $a=-10$, $b=23$

2 $a=-2$, $b=8$, $c=0$

3 (1) $a<0$ (2) $b>0$
(3) $c>0$ (4) $b^2-4ac>0$
(5) $a+b+c>0$
(6) $-b+\sqrt{b^2-4ac}>0$

4 (1) $-2k^2+6k$ (2) $\frac{9}{2}$

5 (1) $k>2$ (2) $2<k<\frac{11}{3}$

6 (1) $x^2+x+1=0$
(2) $x^2+x+1=0$
(3) $x^2+x+1=0$

7 $a=10$

8 (1) $a=2$ (2) $3\leqq a\leqq 7$

9 $a=-1$, $b=4$, $c=5$

10 最大値 9，最小値 -16

11 (1) $k<-2$, $\frac{2}{3}<k<2$
(2) $k=-2$
(3) $-\frac{4}{3}\leqq k\leqq 0$

12 $a<-1$, $2<a$ のとき $a<x<a^2-2$
$-1<a<2$ のとき $a^2-2<x<a$
$a=-1$, 2 のとき解なし

13 $1-\sqrt{3}\leqq a\leqq 0$, $2\leqq a\leqq 1+\sqrt{3}$

14 (1) $x=1$, -3
(2) $x<-3$, $1<x$
(3) $x=2$, $1-\sqrt{5}$
(4) $1-\sqrt{5}<x<2$

15 $0<k<1$

3章　高次方程式・式と証明

1. 高次方程式

118 ①，④

119 (1) $a=3$, $b=-6$
(2) $a=-1$, $b=2$, $c=-6$
(3) $a=2$, $b=-3$, $c=-3$
(4) $a=1$, $b=-3$, $c=3$, $d=-1$

120 $a=1$, $b=2$, $c=3$ または
$a=-4$, $b=-3$, $c=-2$

121 (1) $a=1$, $b=1$
(2) $a=-5$, $b=7$

122 (1) 9 (2) 11 (3) 0 (4) 5

123 (1) -3 (2) 1 (3) -1
(4) -3

124 (1) $a=2$ (2) $a=1$

125 $a=2$, $b=-1$

126 $2x-3$

127 $x+2$

128 (1) $(x-1)(x^2+x-1)$
(2) $(x-2)(x^2-x+1)$
(3) $(x-1)(x-2)(x-3)$
(4) $(2x+1)(2x^2-x+1)$

129 (1) $x=3$, $\frac{-3\pm3\sqrt{3}\,i}{2}$
(2) $x=1$ (3) $x=0$, ±2
(4) $x=\pm3$, $\pm3i$

130 (1) $x=1$, 2, -3
(2) $x=2$, $\frac{-1\pm\sqrt{7}\,i}{2}$
(3) $x=-1$, $\frac{3\pm\sqrt{17}}{4}$
(4) $x=1$, 2, $\frac{1\pm\sqrt{5}}{2}$

131 (1) $a=1$, $b=3$
(2) $a=7$, $b=-15$
(3) $a=1$, $b=-1$

132 (1) $\frac{1}{x-1}-\frac{1}{x+1}$
(2) $\frac{10}{x+2}-\frac{7}{x+1}$
(3) $\frac{3}{x}+\frac{1}{x+1}-\frac{2}{x-1}$

133 (1) $x=-3$, 4, 5

(2) $x=-\frac{1}{2}$

(3) $x=\frac{1}{2},\ \frac{-1\pm\sqrt{7}\,i}{2}$

(4) $x=\pm\frac{1}{2},\ \frac{1\pm\sqrt{3}\,i}{2}$

134 (1) $x=\pm\frac{2}{3},\ \pm\frac{1}{2}$　(2) $x=1$

(3) $x=\frac{-1\pm\sqrt{3}\,i}{2},\ \frac{1\pm\sqrt{3}\,i}{2}$

(4) $x=\pm1,\ \frac{-1\pm\sqrt{3}\,i}{2},\ \frac{1\pm\sqrt{3}\,i}{2}$

135 $a=1,\ b=10,$
他の解は $x=-2,\ 1+2i$

136 (1) $x=1,\ \frac{-1\pm\sqrt{3}\,i}{2}$

(2)(3) 略

137 $2x+5$

138 (1), (3)略

(2) $a=-(\alpha+\beta+\gamma),$
$b=\alpha\beta+\beta\gamma+\gamma\alpha,\ c=-\alpha\beta\gamma$

139 $2x^2+2x+3$

2. 式と証明

140〜145 略

146 証明略。等号成立条件は，(1) $x=3y$

(2) $x=2$ かつ $y=-1$　(3) $x=y$

(4) $x=y=0$　(5) $x=y$

(6) $x=1$ かつ $y=-1$

147 証明略。等号成立条件は，

(1) $a=\sqrt{3}$　(2) $6a=b$

(3) $a=2$

148〜151 略

152 証明略。等号成立条件は $a=b$

153 略

154 証明略。等号成立条件は $a=b$

155 証明略。等号成立条件は $a=b$

156 証明略。等号成立条件は，

(1) $ab\leqq0$　(2) $ab\geqq0,\ bc\geqq0$

3章の問題

1 $P(x)=2x^3-4x^2+5x-7$

2 $c=-3,\ P(x)=x^3-2x-1$

3 (1) $2x+11$　(2) 3

(3) $3x^2-x+5$

4 $(2^n-2)x-(2^n-2)$

5 $a=1,\ b=2,\ c=1$

6 $a=\frac{1}{3},\ b=-\frac{1}{3},\ c=-\frac{2}{3}$

7 $-1,\ 2$

8 (1) 最小値は $x=\sqrt{3}$ のとき
$2\sqrt{3}-2$

(2) 最大値は $a=1,\ b=\frac{4}{3}$ のとき $\frac{4}{3}$

9 2つの解を共有するのは $k=3$ のとき
ただ1つの解を共有するのは $k=-2$ のとき

10 (1) $\alpha+\beta+\gamma=3,$
$\alpha\beta+\beta\gamma+\gamma\alpha=2,\ \alpha\beta\gamma=-1$

(2) 5　(3) 6　(4) 5

11〜14 略

15 $a^2+b^2,\ \frac{1}{2},\ 2ab$

16 略

17 $\frac{a+2}{a+1},\ \sqrt{2},\ \frac{a}{2}+\frac{1}{a}$

18 略

4章　関数とグラフ

1. 関数とグラフ

157 グラフ略。平行移動は以下の通り。

(1) x 軸方向に -2，y 軸方向に -1

(2) x 軸方向に 3，y 軸方向に 2

158 グラフ略。漸近線は以下の通り。

(1) $x=-1,\ y=0$

(2) $x=0,\ y=3$

(3) $x=2,\ y=-1$

159 グラフ略。漸近線は以下の通り。

(1) $x=2,\ y=1$

(2) $x=-3,\ y=1$

(3) $x=\frac{3}{2},\ y=1$

160 略

161 グラフ略。(1) $f^{-1}(x)=\frac{1}{2}x+\frac{3}{2}$

(2) $f^{-1}(x)=x^2+3\ (x\geqq0)$

(3) $f^{-1}(x)=\frac{2x}{x-1}$

162 (1)　求める逆関数は $y=\frac{1}{2}x-2$
定義域は $2 \leqq x \leqq 8$
値域は $-1 \leqq y \leqq 2$
(2)　求める逆関数は $y=\sqrt{x-3}$
定義域は $3 \leqq x \leqq 4$
値域は $0 \leqq y \leqq 1$
(3)　求める逆関数は $y=\frac{1}{x}+1$
定義域は $\frac{1}{2} \leqq x \leqq 1$
値域は $2 \leqq y \leqq 3$
(4)　求める逆関数は $y=x^2+2$
定義域は $0 \leqq x \leqq 1$
値域は $2 \leqq y \leqq 3$
163 (1)　$(g \circ f)(x)=2x+1$
$(f \circ g)(x)=2x$
(2)　$(g \circ f)(x)=9x^2+12x+3$
$(f \circ g)(x)=3x^2-1$
(3)　$(g \circ f)(x)=\frac{2}{2x^2+1}$
$(f \circ g)(x)=\frac{8}{x^2}+1$
(4)　$(g \circ f)(x)=x+3$
$(f \circ g)(x)=\sqrt{x^2+3}$
164 (1)　偶関数　(2)　どちらでもない
(3)　奇関数　(4)　奇関数
(5)　どちらでもない　(6)　偶関数
165 略
166 (1)　$x \leqq -6$，$-2<x \leqq -1$
(2)　$x<4$
167 $a=2$，$b=-3$
168 $p=-2$
169 $a=2$，$b=-1$ または $a=-2$，$b=3$
170，**171** 略
172 $a=-3$，$b=-2$，$c=-1$

4章の問題

1　②，⑤
2　⑧
3　①　$\frac{x-6}{x-2}$　②　$-\frac{x+6}{x+2}$
③　$\frac{2x-6}{x-1}$
④⑤　$(2,\ -2)$ と $(-3,\ 3)$
4　グラフ略。交点は $(-1,\ 1)$，
$\left(\frac{-1-\sqrt{5}}{2},\ \frac{-1+\sqrt{5}}{2}\right)$
5　(1)　$a=8$　(2)　$a=10$
(3)　$a=3$，$b=2$
6　(1)　$y=\frac{-2x+3}{x-1}$　(2)　$y=\frac{-x+3}{2x-4}$
7　(1)　$y=\frac{1}{2}x^2-\frac{1}{2}$，定義域は　$x \geqq 0$
(2)　$y=\frac{1}{3}x^2+\frac{2}{3}x+1$，
定義域は　$x \geqq -1$
8　グラフ略。(1)　$y=\frac{-x+3}{2x-2}$
(2)　$y=x^2-2x-3$ $(x \geqq 1)$
9　$a=3$，$b=1$，$c=2$
10　$a=2$，$b=3$，$c=5$
11　略

5章　指数関数・対数関数

1．指数関数

173 (1)　1　(2)　$\frac{1}{64}$　(3)　$\frac{1}{9}$
(4)　8
174 (1)　a　(2)　$\frac{1}{a^6}$　(3)　$\frac{b^9}{a^6}$
(4)　a　(5)　$\frac{1}{a^4}$　(6)　$\frac{1}{ab^8}$
(7)　27　(8)　1　(9)　100
175 (1)　2　(2)　± 2　(3)　4
(4)　-3　(5)　-2　(6)　5
(7)　$\frac{2}{3}$　(8)　0.3　(9)　-1
176 (1)　3　(2)　-6　(3)　4
(4)　9　(5)　2　(6)　3
177 (1)　2　(2)　8　(3)　$\frac{1}{3}$
(4)　10　(5)　4
178 (1)　$2^{\frac{1}{5}}$　(2)　$3^{\frac{1}{2}}$　(3)　$a^{\frac{3}{4}}$
(4)　$a^{-\frac{1}{3}}$　(5)　$a^{-\frac{1}{2}}$　(6)　$a^{-\frac{2}{5}}$
179 (1)　16　(2)　3　(3)　$\frac{1}{8}$
(4)　$\sqrt[6]{a}$　(5)　a^3　(6)　$\frac{b}{a}$

180 (1) $\sqrt[3]{9}$　(2) 2　(3) $\sqrt[3]{2}$
(4) $\dfrac{1}{\sqrt[3]{a}}$　(5) $a\sqrt[4]{a}$　(6) $\sqrt{ab}$

181 グラフ略。漸近線は(1)～(3)とも $y=0$

182 (1) $3^{-1}<3^0<3^{\frac{1}{2}}<3^2$
(2) $0.9^2<1<0.9^{-1}<0.9^{-2}$
(3) $\sqrt[6]{8}<\sqrt[4]{8}<\sqrt[3]{8}$
(4) $\sqrt[7]{8}<\sqrt{2}<\sqrt[3]{4}$

183 (1) $x=4$　(2) $x=5$
(3) $x=-5$　(4) $x=\dfrac{3}{2}$
(5) $x=6$　(6) $x=\dfrac{1}{3}$

184 (1) $x>4$　(2) $x<-3$
(3) $x<3$　(4) $x\leqq-4$
(5) $x\leqq\dfrac{3}{2}$　(6) $x\geqq\dfrac{1}{4}$

185 (1) $x=0,\ 2$　(2) $x=2$
(3) $x=3$　(4) $x=-2$

186 (1) 24　(2) $\dfrac{1}{6}$　(3) $4\sqrt[3]{2}$
(4) $\sqrt[3]{3}$

187 (1) $a-b$　(2) $a+b$

188 (1) $10\sqrt{2}$　(2) $\dfrac{3}{2}$

189 (1) 2^{n+1}　(2) $2\cdot3^n$　(3) 3^{n+3}

190 グラフ略。
(1) x 軸方向に -2 だけ平行移動したもの。
(2) x 軸方向に $+1$　y 軸方向に $+2$ 平行移動したもの。
(3) y 軸に関して対称移動したもの。
(4) x 軸に関して対称移動したもの。
(5) y 軸に関して対称移動したあと，x 軸方向に $+1$ 平行移動したもの。

191 略

192 (1) $\dfrac{1}{\sqrt[8]{243}}<81^{-\frac{1}{7}}<\sqrt{3}<\sqrt[5]{27}<9^{\frac{1}{3}}$
(2) $\sqrt[3]{5}<\sqrt{3}<\sqrt[6]{30}<\sqrt[4]{10}$

193 (1) 最小値 1，最大値はない。
(2) 最大値 3，最小値はない。

194 3

195 略

2. 対数関数

196 (1) $4=\log_3 81$　(2) $-\dfrac{4}{3}=\log_8\dfrac{1}{16}$
(3) $0=\log_3 1$

197 (1) $3^5=243$　(2) $(\sqrt{2})^6=8$
(3) $9^{-\frac{1}{2}}=\dfrac{1}{3}$

198 (1) 3　(2) 0　(3) -2
(4) -2　(5) $\dfrac{1}{3}$　(6) -6
(7) -4　(8) -3　(9) $\dfrac{3}{4}$

199 (1) $\dfrac{5}{2}$　(2) $\dfrac{1}{27}$　(3) 4
(4) 3

200 (1) $\log_2 15$　(2) 2　(3) 1
(4) -3

201 (1) 2　(2) 0　(3) $-\dfrac{1}{2}$
(4) 2　(5) 2　(6) 3

202 (1) $a+b$　(2) $3a+b$
(3) $3a+2b$　(4) $a-2b$
(5) $a+\dfrac{1}{2}b$　(6) $-a+2b+1$

203 (1) $\dfrac{3}{2}$　(2) -4　(3) -4

204 グラフ略。定義域は，(1) $x>0$
(2) $x>0$

205 グラフ略。
(1) y 軸方向に $+1$ だけ平行移動したもの。
(2) x 軸方向に $+2$ だけ平行移動したもの。
(3) x 軸に関して対称に移動したもの。
(4) y 軸に関して対称に移動したもの。
(5) x 軸に関して対称に移動したもの。

206 (1) $\log_2\dfrac{1}{2}<\log_2 3<\log_2 5$
(2) $\log_{0.3}5<\log_{0.3}3<\log_{0.3}\dfrac{1}{2}$
(3) $\log_{\frac{1}{3}}4<\log_3 4<\log_2 4$
(4) $\log_2\dfrac{1}{2}<\log_3\dfrac{1}{2}<\log_{\frac{1}{3}}\dfrac{1}{2}$

207 (1) $x=32$　(2) $x=\dfrac{1}{8}$
(3) $x=16$　(4) $x=17$

(5) $x=1$

208 (1) $x=3$ (2) $x=\pm 3$
(3) $x=4$ (4) $x=2$

209 (1) $x>32$ (2) $x>\frac{1}{36}$
(3) $x \geqq \frac{\sqrt{3}}{3}$ (4) $0<x \leqq 8$
(5) $0<x<\frac{1}{8}$ (6) $x>-\frac{17}{9}$

210 (1) 0.1959 (2) 0.9547
(3) 0.8451

211 (1) 2.0899 (2) 4.0899
(3) −1.9101

212 (1) 1.0791 (2) 0.1761
(3) 0.6990 (4) 0.0970
(5) 0.6309 (6) 3.1701

213 (1) 2 (2) 3 (3) 1 (4) 4
(5) 4 (6) $\frac{3}{2}$

214 (1) 1 (2) 6 (3) 0

215 (1) $x=\sqrt{2}$ (2) $x=\pm 5$
(3) $x=-1+2\sqrt{2}$ (4) $x=6$

216 (1) $3<x<4$ (2) $1 \leqq x<3$
(3) $-1<x<1$ (4) $x \geqq 2$

217 (1) $x=\frac{1}{3}$, 27
(2) $0<x<\frac{1}{4}$, $16<x$

218 (1) 最大値 4，最小値 0
(2) 最大値 3，最小値 −1

219 (1) 24 桁，最高位の数は 7
(2) 85 桁，最高位の数は 3

220 (1) 小数第 10 位 (2) 小数第 4 位

221 21 回

222 35 年後

223 $\frac{1}{5}$

224 略

225 $4+2\sqrt{3}$

226 $m=4$, $n=5$

227 2

5章の問題

1 (1) $\frac{5}{6}$ (2) $\frac{35}{6}$ (3) $\sqrt{5}$
(4) 1 (5) 6

2 $2^{2x}=\frac{5\pm\sqrt{21}}{2}$, $2^x=\frac{\sqrt{7}\pm\sqrt{3}}{2}$

3 (1) ab (2) $\frac{2+ab}{1+ab}$

4 (1) $\frac{1}{4}$ (2) 1

5 (1) 7 (2) $\frac{1}{4}$ (3) 9

6 $2^x+2^{-x}=2\sqrt{2}$, $4^x+4^{-x}=6$

7 (1) $2^{40}<5^{20}<3^{30}$
(2) $\sqrt{3}<\sqrt[3]{6}<\sqrt[4]{12}$
(3) $\log_9 25<1.5<\log_4 9$
(4) $\log_3 2<\log_4 8<\log_2 3$

8 $\log_a \frac{a}{b}<\log_b \frac{b}{a}<\frac{1}{2}<\log_b a<\log_a b$

9 (1) t^2-4t (2) $t \geqq 2$
(3) $x=0$ のとき最小値 −4

10 (1) −2
(2) $p=6$, x 軸方向に 3，y 軸方向に 1
(3) x 軸方向に −6，y 軸方向に −1，
$(6,\ 1+\log_2 3)$

11 (1) 最小値 $-\frac{1}{8}$，最大値はない。
(2) 最大値 −2，最小値はない。
(3) 最小値 −4，最大値はない。

12 (1) $x=1$ (2) $x=3$
(3) $x=1$, $\frac{1}{16}$
(4) $x=\frac{\log_2 3}{\log_2 3-1}$ $\left(または \frac{1}{1-\log_3 2}\right)$
(5) $x=\sqrt[4]{2}$ (6) $x=27$, $\sqrt{3}$

13 (1) $x>1$ (2) $0 \leqq x \leqq 2$
(3) $x \leqq -1$
(4) $0<x<\frac{1}{27}$, $1<x<9$
(5) $0<x<2$

14 (1) $x=2$, $y=3$ または $x=3$, $y=2$
(2) $x=2$, $y=1$

6章 三角関数

1. 三角比

228 (1) $\sin A=\frac{2}{3}$, $\cos A=\frac{\sqrt{5}}{3}$,
$\tan A=\frac{2\sqrt{5}}{5}$

$\sin B=\dfrac{\sqrt{5}}{3}$，$\cos B=\dfrac{2}{3}$，

$\tan B=\dfrac{\sqrt{5}}{2}$

(2) $\sin A=\dfrac{12}{13}$，$\cos A=\dfrac{5}{13}$，

$\tan A=\dfrac{12}{5}$

$\sin B=\dfrac{5}{13}$，$\cos B=\dfrac{12}{13}$，

$\tan B=\dfrac{5}{12}$

(3) $\sin A=\dfrac{1}{3}$，$\cos A=\dfrac{2\sqrt{2}}{3}$，

$\tan A=\dfrac{\sqrt{2}}{4}$

$\sin B=\dfrac{2\sqrt{2}}{3}$，$\cos B=\dfrac{1}{3}$，

$\tan B=2\sqrt{2}$

229 (1) $\sin A=\dfrac{3}{5}$，$\cos A=\dfrac{4}{5}$，

$\tan A=\dfrac{3}{4}$

(2) $\sin A=\dfrac{5}{6}$，$\cos A=\dfrac{\sqrt{11}}{6}$，

$\tan A=\dfrac{5\sqrt{11}}{11}$

230 (1) $\dfrac{\sqrt{3}}{2}+1$　(2) $-\dfrac{1}{4}$

231 82.0 (m)

232 (1) 0　(2) 1

233 (1) 鈍角　(2) 鋭角　(3) 鈍角

234 (1) $\sin 25°$　(2) $-\sin 20°$

(3) $-\dfrac{1}{\tan 15°}$

235 (1) $-\dfrac{1}{4}$　(2) 1　(3) $\dfrac{\sqrt{2}}{4}$

(4) $\sqrt{6}$

236 略

237 (1) $\cos\theta=\dfrac{2\sqrt{6}}{5}$，$\tan\theta=\dfrac{\sqrt{6}}{12}$

(2) $\sin\theta=\dfrac{\sqrt{5}}{3}$，$\tan\theta=\dfrac{\sqrt{5}}{2}$

(3) $0°<\theta<90°$ のとき

$\cos\theta=\dfrac{3\sqrt{5}}{7}$，$\tan\theta=\dfrac{2\sqrt{5}}{15}$

$90°<\theta<180°$ のとき

$\cos\theta=-\dfrac{3\sqrt{5}}{7}$，

$\tan\theta=-\dfrac{2\sqrt{5}}{15}$

(4) $\cos\theta=-\dfrac{\sqrt{6}}{6}$，$\sin\theta=\dfrac{\sqrt{30}}{6}$

238 (1) $b=6\sqrt{2}$，$R=6$

(2) $\sin A=\dfrac{1}{2}$

(3) $B=60°$，$120°$，$R=\sqrt{2}$

239 (1) $\sqrt{6}$　(2) $2\sqrt{7}$　(3) 5

240 (1) $\sqrt{7}$　(2) $\dfrac{1}{\sqrt{2}}$　(3) 120°

241 (1) $7\sqrt{2}$　(2) 9　(3) $5\sqrt{3}$

242 (1) $\dfrac{1}{8}$　(2) $\dfrac{3\sqrt{7}}{8}$

(3) $\dfrac{15\sqrt{7}}{4}$

243 (1) $\dfrac{15\sqrt{3}}{2}$　(2) 12

244 (1) $x=3\sqrt{3}$，$y=\dfrac{3\sqrt{3}}{2}$

(2) $z=5(\sqrt{3}+1)$

245 $\dfrac{\sqrt{30}}{5}$ (km)

246 $25\sqrt{2}$ (m)

247 $\mathrm{AC}=\dfrac{9}{2}$，$\mathrm{CD}=\dfrac{3\sqrt{7}}{2}$

248 (1) $-\dfrac{12}{25}$　(2) $\dfrac{37}{125}$　(3) $\dfrac{7}{5}$

249 (1) $\dfrac{-1+\sqrt{5}}{2}$　(2) $\dfrac{1+\sqrt{7}}{4}$

250 (1) $c=2$，$A=60°$，$B=75°$

(2) $a=\dfrac{-\sqrt{2}+\sqrt{6}}{2}$，$c=\sqrt{3}$，

$A=15°$

2-1. 三角関数(1)

251 (1) $300°+360°\times 1$，第 4 象限

(2) $100°+360°\times 3$，第 2 象限

(3) $240°+360°\times(-1)$，第 3 象限

(4) $20°+360°\times(-2)$，第 1 象限

252 (1) $\dfrac{\pi}{6}$　(2) $\dfrac{3}{4}\pi$　(3) $\dfrac{3}{2}\pi$

(4) $-\dfrac{5}{3}\pi$　(5) 120°　(6) 330°

(7) $12°$　(8) $-105°$

253 弧の長さ　4π cm
面積　24π cm^2

254 中心角　3 ラジアン
面積　6 cm^2

255 (1) $\sin\frac{\pi}{4}=\frac{1}{\sqrt{2}}$, $\cos\frac{\pi}{4}=\frac{1}{\sqrt{2}}$,
$\tan\frac{\pi}{4}=1$
(2) $\sin\left(-\frac{5}{6}\pi\right)=-\frac{1}{2}$,
$\cos\left(-\frac{5}{6}\pi\right)=-\frac{\sqrt{3}}{2}$,
$\tan\left(-\frac{5}{6}\pi\right)=\frac{1}{\sqrt{3}}$
(3) $\sin\frac{3}{2}\pi=-1$, $\cos\frac{3}{2}\pi=0$,
$\tan\frac{3}{2}\pi$ は値なし

256 (1) $\frac{\sqrt{3}}{2}$　(2) $\frac{\sqrt{3}}{2}$　(3) -1
(4) $\frac{\sqrt{2}}{2}$　(5) $-\frac{\sqrt{3}}{3}$　(6) 0

257 (1) 第 2 象限　(2) 第 4 象限
(3) 第 2，第 4 象限

258 (1) $\cos\theta=-\frac{4}{5}$, $\tan\theta=-\frac{3}{4}$
(2) $\sin\theta=-\frac{12}{13}$, $\tan\theta=\frac{12}{5}$
(3) $\sin\theta=-\frac{3\sqrt{10}}{10}$, $\cos\theta=\frac{\sqrt{10}}{10}$

259 (1) 第 1 象限または第 2 象限
(2) 第 2 象限または第 4 象限

260 略

261 (1) $\frac{2}{3}\pi$　(2) $\sqrt{3}-\frac{\pi}{3}$

262 (1) $-\frac{4}{9}$　(2) $\frac{13}{27}$　(3) $\pm\frac{\sqrt{17}}{3}$
(4) $-\frac{9}{4}$

263 (1) 0　(2) -1

264 (1) $\sin\theta=\frac{4}{5}$ のとき $\tan\theta=-\frac{4}{3}$
$\sin\theta=-\frac{4}{5}$ のとき $\tan\theta=\frac{4}{3}$
(2) $\cos\theta=\frac{\sqrt{3}}{3}$ のとき
$\sin\theta=-\frac{\sqrt{6}}{3}$
$\cos\theta=-\frac{\sqrt{3}}{3}$ のとき $\sin\theta=\frac{\sqrt{6}}{3}$

265 $2\sqrt{5}$

266 $-\frac{1}{6}$

2-2. 三角関数(2)

267 グラフ略。
(1) 周期：2π, 値域：$-3\leqq y\leqq 3$
(2) 周期：2π, 値域：$-1\leqq y\leqq 1$
(3) 周期：π, 値域：実数全体
(4) 周期：2π, 値域：$-2\leqq y\leqq 2$
(5) 周期：2π, 値域：$-\frac{1}{2}\leqq y\leqq \frac{1}{2}$
(6) 周期：π, 値域：実数全体

268 略

269 グラフ略。
(1) 周期：π, 値域：$-1\leqq y\leqq 1$
(2) 周期：π, 値域：$-1\leqq y\leqq 1$
(3) 周期：4π, 値域：$-2\leqq y\leqq 2$
(4) 周期：2π, 値域：実数全体
(5) 周期：3π, 値域：実数全体
(6) 周期：4π, 値域：$-1\leqq y\leqq 1$

270 $A=2$　$B=3$　$C=2$　$D=\frac{\pi}{6}$
$E=\frac{\pi}{3}$

271 (1) $\theta=\frac{\pi}{3}$, $\frac{2}{3}\pi$
(2) $\theta=\frac{3}{4}\pi$, $\frac{5}{4}\pi$
(3) $\theta=\frac{2}{3}\pi$, $\frac{5}{3}\pi$
(4) $\theta=0$, π
(5) $\theta=0$
(6) $\theta=\frac{\pi}{4}$, $\frac{5}{4}\pi$
(7) $\theta=\frac{7}{6}\pi$, $\frac{11}{6}\pi$
(8) $\theta=\frac{\pi}{6}$, $\frac{11}{6}\pi$
(9) $\theta=\frac{\pi}{6}$, $\frac{7}{6}\pi$

272 (1) $\frac{\pi}{6}\leqq\theta\leqq\frac{5}{6}\pi$

(2) $\frac{5}{6}\pi<\theta<\frac{7}{6}\pi$

(3) $\frac{\pi}{4}\leqq\theta<\frac{\pi}{2}$, $\frac{5}{4}\pi\leqq\theta<\frac{3}{2}\pi$

(4) $0\leqq\theta<\frac{\pi}{3}$, $\frac{2}{3}\pi<\theta<2\pi$

(5) $0\leqq\theta<\frac{\pi}{4}$, $\frac{7}{4}\pi<\theta<2\pi$

(6) $\frac{\pi}{2}<\theta<\frac{3}{4}\pi$, $\frac{3}{2}\pi<\theta<\frac{7}{4}\pi$

(7) $\frac{5}{4}\pi<\theta<\frac{7}{4}\pi$

(8) $0\leqq\theta\leqq\frac{2}{3}\pi$, $\frac{4}{3}\pi\leqq\theta<2\pi$

(9) $0\leqq\theta<\frac{\pi}{3}$, $\frac{\pi}{2}<\theta<\frac{4}{3}\pi$, $\frac{3}{2}\pi<\theta<2\pi$

273 (1) $\theta=\frac{\pi}{6}+2n\pi$, $\frac{11}{6}\pi+2n\pi$
(n はすべての整数)
$\left(\theta=\pm\frac{\pi}{6}+2n\pi\right.$ でもよい。$\left.\right)$

(2) $\theta=\frac{\pi}{6}+2n\pi$, $\frac{5}{6}\pi+2n\pi$
(n はすべての整数)

(3) $\theta=\frac{5}{6}\pi+n\pi$
(n はすべての整数)

274 (1) $\frac{\pi}{6}$ (2) $\frac{\pi}{3}$ (3) $-\frac{\pi}{4}$
(4) $\frac{2}{3}\pi$ (5) $\frac{\pi}{4}$ (6) $-\frac{\pi}{2}$
(7) 0 (8) 0

275 (1) 偶関数 (2) 奇関数
(3) 奇関数 (4) 奇関数
(5) どちらでもない (6) 奇関数

276 グラフ略。周期は, (1) π
(2) $\frac{2}{3}\pi$ (3) 2π (4) π

277 (1) $\theta=\frac{\pi}{2}$, $\frac{11}{6}\pi$

(2) $\theta=0$, $\frac{\pi}{3}$

(3) $\theta=\frac{7}{12}\pi$, $\frac{19}{12}\pi$

(4) $\theta=\frac{3}{2}\pi$, $\frac{\pi}{6}$

(5) $\theta=0$, $\frac{5}{6}\pi$, π, $\frac{11}{6}\pi$

(6) $\theta=\frac{\pi}{24}$, $\frac{13}{24}\pi$, $\frac{25}{24}\pi$, $\frac{37}{24}\pi$

278 (1) $0\leqq\theta\leqq\frac{\pi}{6}$, $\frac{\pi}{2}\leqq\theta<2\pi$

(2) $0\leqq\theta<\frac{\pi}{4}$, $\frac{11}{12}\pi<\theta<\frac{5}{4}\pi$, $\frac{23}{12}\pi<\theta<2\pi$

(3) $\frac{5}{24}\pi<\theta<\frac{11}{24}\pi$, $\frac{29}{24}\pi<\theta<\frac{35}{24}\pi$

(4) $0\leqq\theta<\frac{19}{24}\pi$, $\frac{23}{24}\pi<\theta<\frac{43}{24}\pi$, $\frac{47}{24}\pi<\theta<2\pi$

279 (1) $\theta=0$, $\frac{\pi}{6}$, $\frac{5}{6}\pi$, π

(2) $\theta=\frac{\pi}{3}$, $\frac{5}{3}\pi$

(3) $0\leqq\theta<\frac{7}{6}\pi$, $\frac{11}{6}\pi<\theta<2\pi$

(4) $0\leqq\theta\leqq\frac{\pi}{3}$, $\frac{5}{3}\pi\leqq\theta<2\pi$

280 (1) $\theta=\frac{\pi}{2}$ のとき最大値 0
$\theta=\frac{3}{2}\pi$ のとき最小値 -2

(2) $\theta=0$ のとき最大値 3
$\theta=\pi$ のとき最小値 1

(3) $\theta=\frac{\pi}{3}$ のとき最大値 $\frac{1}{2}$
$\theta=\pi$ のとき最小値 -1

(4) $\theta=\frac{5}{6}\pi$ のとき最大値 1
$\theta=\frac{\pi}{6}$ のとき最小値 $-\frac{1}{2}$

(5) $\theta=\frac{3}{2}\pi$ のとき最大値 3
$\theta=\frac{\pi}{6}$, $\frac{5}{6}\pi$ のとき最小値 $\frac{3}{4}$

(6) $\theta=\frac{4}{3}\pi$, $\frac{5}{3}\pi$ のとき最大値 $\frac{7}{4}$
$\theta=\frac{\pi}{2}$ のとき最小値 $-\sqrt{3}$

281 $\sin 0<\sin 3<\sin 1<\sin 2$

282 $\frac{\pi}{2}<\theta<\frac{2}{3}\pi$

283 $0<a<1$ のとき最小値 $1-a^2$
$a\geqq 1$ のとき最小値 $2-2a$

3. 三角関数の加法定理

284 (1) $\dfrac{\sqrt{2}+\sqrt{6}}{4}$ (2) $\dfrac{\sqrt{6}+\sqrt{2}}{4}$
(3) $2-\sqrt{3}$ (4) $\dfrac{\sqrt{6}-\sqrt{2}}{4}$
(5) $-\dfrac{\sqrt{6}+\sqrt{2}}{4}$ (6) $-2-\sqrt{3}$

285 $\cos\alpha=\dfrac{\sqrt{5}}{3}$, $\sin\beta=-\dfrac{12}{13}$
$\cos(\alpha+\beta)=\dfrac{24-5\sqrt{5}}{39}$

286 (1) $-\dfrac{63}{65}$ (2) $-\dfrac{16}{65}$

287 $-\dfrac{192+75\sqrt{7}}{31}$

288 0

289 $\cos 2\alpha=\dfrac{7}{9}$, $\tan 2\alpha=-\dfrac{4\sqrt{2}}{7}$

290 (1) $-\dfrac{3}{4}$ (2) $\dfrac{\sqrt{10}}{10}$

291 (1) $\dfrac{\sqrt{2-\sqrt{3}}}{2}$ (2) $\dfrac{\sqrt{2+\sqrt{3}}}{2}$
(3) $2-\sqrt{3}$ (4) $\dfrac{\sqrt{2-\sqrt{2}}}{2}$
(5) $\dfrac{\sqrt{2-\sqrt{2}}}{2}$ (6) $\sqrt{2}-1$

292 $\dfrac{\sqrt{3}}{3}$

293 $\sqrt{5}$

294 (1) $\sqrt{2}\sin\left(\theta+\dfrac{\pi}{4}\right)$
(2) $2\sin\left(\theta+\dfrac{4}{3}\pi\right)$
(3) $2\sqrt{3}\sin\left(\theta+\dfrac{5}{6}\pi\right)$
(4) $2\sqrt{2}\sin\left(\theta+\dfrac{11}{6}\pi\right)$

295 (1) 最大値 2, 最小値 -2
(2) 最大値 $\sqrt{2}$, 最小値 -2

296 (1) $\sqrt{2}$ (2) $\dfrac{\sqrt{2}}{2}$

297 (1) $\dfrac{1}{2}(\sin 5\theta+\sin 3\theta)$
(2) $\dfrac{1}{2}(\sin 5\theta-\sin\theta)$
(3) $\dfrac{1}{2}(\cos 5\theta+\cos\theta)$
(4) $-\dfrac{1}{2}(\cos 3\theta-\cos\theta)$

298 (1) $2\sin 3\theta\cos\theta$
(2) $2\cos 5\theta\sin 2\theta$
(3) $2\cos 3\theta\cos 2\theta$
(4) $-2\sin 3\theta\sin\theta$

299 (1) $\dfrac{-1+\sqrt{3}}{4}$ (2) $\dfrac{1+\sqrt{3}}{4}$
(3) $\dfrac{2-\sqrt{3}}{4}$ (4) $-\dfrac{1}{4}$

300 (1) $\dfrac{\sqrt{6}}{2}$ (2) $-\dfrac{\sqrt{6}}{2}$
(3) $\dfrac{\sqrt{2}}{2}$ (4) $\dfrac{\sqrt{6}}{2}$

301 2

302 (1) $\theta=0,\ \dfrac{\pi}{6},\ \dfrac{5}{6}\pi,\ \pi$
(2) $\theta=\dfrac{\pi}{4},\ \dfrac{\pi}{2},\ \dfrac{3}{4}\pi,\ \dfrac{5}{4}\pi,\ \dfrac{3}{2}\pi,\ \dfrac{7}{4}\pi$
(3) $0\leqq\theta<\dfrac{\pi}{6},\ \dfrac{\pi}{2}<\theta<\dfrac{5}{6}\pi,$
$\dfrac{3}{2}\pi<\theta<2\pi$

303 (1) $\dfrac{3}{4}$ (2) $-\dfrac{\sqrt{7}}{4}$
(3) $-\dfrac{3\sqrt{7}}{7}$

304 (1) $\dfrac{1}{2}$, 2 (2) $\dfrac{4}{5}$

305 (1) $\dfrac{\sqrt{3}}{8}$ (2) 0

306 (1) $\theta=\dfrac{5}{6}\pi,\ \dfrac{3}{2}\pi$
(2) $0\leqq\theta\leqq\dfrac{5}{12}\pi,\ \dfrac{11}{12}\pi\leqq\theta<2\pi$

307 (1) $-1\leqq f(\theta)\leqq 3$ (2) $\theta=0,\ \dfrac{4}{3}\pi$
(3) $0\leqq\theta<\dfrac{\pi}{3},\ \pi<\theta<2\pi$

308 略

309 (1) $0<\theta<\dfrac{\pi}{2}$ (2) 26

310 $\theta=\dfrac{3}{8}\pi$ のとき最大値 $2\sqrt{2}-1$

$\theta=\frac{7}{8}\pi$ のとき最小値 $-2\sqrt{2}-1$

311 $a=\frac{5}{2}$, $b=\frac{5\sqrt{3}}{2}$

312 $\alpha+\beta=\frac{\pi}{6}$, $\alpha+\beta+\gamma=\frac{\pi}{4}$

313 略

6章の問題

1 (1) $\alpha=0$, $\frac{2}{5}\pi$, $\frac{4}{5}\pi$, $\frac{6}{5}\pi$, $\frac{8}{5}\pi$

(2) $\alpha=\frac{\pi}{18}$, $\frac{5}{9}\pi$, $\frac{19}{18}\pi$, $\frac{14}{9}\pi$

2 $4<x<6$

3 (1) $AC=\sqrt{2}$, $AD=2$, $CD=\sqrt{3}-1$

(2) $\sin 15°=\frac{\sqrt{6}-\sqrt{2}}{4}$,

$\cos 15°=\frac{\sqrt{6}+\sqrt{2}}{4}$

4 (1) $2\sqrt{6}$ (2) $2\sqrt{7}$

(3) $\frac{\sqrt{105}}{2}$

5 $AP=6+\sqrt{6}$, $AQ=6-\sqrt{6}$

6 $\sin A=\frac{-1+\sqrt{5}}{2}$

7 (1) AB=AC の二等辺三角形

(2) AB=AC の二等辺三角形

(3) ∠A=90° の直角三角形

(4) BC=CA の二等辺三角形

8 グラフ略。周期は，(1) π (2) π

9 (1) $\theta=\frac{5}{18}\pi$, $\frac{7}{18}\pi$, $\frac{17}{18}\pi$, $\frac{19}{17}\pi$, $\frac{29}{18}\pi$,

$\frac{31}{18}\pi$

(2) $0\leqq\theta<\frac{\pi}{6}$, $\frac{\pi}{3}<\theta<\frac{5}{6}\pi$,

$\frac{5}{3}\pi<\theta<2\pi$

10 (1) $\frac{1}{2}\leqq a\leqq\frac{17}{16}$ (2) $1\leqq a<\frac{17}{16}$

11 $\frac{\pi}{3}$

12 $a=\frac{\sqrt{3}}{2}$, $\theta=\frac{\pi}{6}$, $\frac{\pi}{3}$

13 $\sin(2x+y)=\frac{3\sqrt{5}}{7}$

$\sin(x+y)=\frac{\sqrt{5}}{3}$

$\cos x=\frac{19}{21}$, $\cos y=\frac{58}{63}$

14 $\tan\theta=\frac{a\pm\sqrt{a^2+3}}{3}$

15 (1) 略 (2) $\frac{-1+\sqrt{5}}{4}$

7章　図形と方程式

1. 座標平面上の点と直線

314 (1) (2, 5)

(2) 内分$\left(\frac{13}{5}, 0\right)$, 外分$(-7, -24)$

(3) 内分$(1, 4)$, 外分$(9, 8)$

中点$\left(0, \frac{7}{2}\right)$

315 $(-2, 1)$

316 (1) $\sqrt{10}$ (2) $5\sqrt{2}$ (3) $2\sqrt{10}$

(4) 13

317 (1) ∠B=90° の直角三角形

重心の座標$\left(\frac{4}{3}, \frac{8}{3}\right)$

(2) DE=EC の二等辺三角形

重心の座標$(-2, -2)$

318 $(-5, -3)$

319 (1) P(5, 0) (2) Q(0, −2)

(3) $P\left(\frac{5}{3}, 0\right)$, Q(0, 5)

320 (1) $y=2x+3$ (2) $y=-x+3$

(3) $y=-\frac{1}{2}x+\frac{9}{2}$ (4) $y=-1$

(5) $x=-2$

321 (1) $y=-2x$ (2) $y=-x-1$

(3) $y=-\frac{4}{3}x+4$ (4) $x=-2$

322 (1) $y=-3x+5$, $y=\frac{1}{3}x+\frac{5}{3}$

(2) $y=\frac{3}{2}x-7$, $y=-\frac{2}{3}x-\frac{8}{3}$

(3) $y=-\frac{1}{2}x+\frac{5}{2}$, $y=2x+5$

323 (1) $y=\frac{1}{2}x+5$

(2) $y=-\frac{1}{3}x+3$

324 A(2, 3), B(4, −3), C(−4, 7)

325 (1) $\left(\frac{7}{2},\ \frac{3}{2}\right)$　(2) (9, 5)

326 A(5, 2), B(−4, 2), C(5, 8)

327 (5, 0) または $\left(\frac{23}{2},\ 0\right)$

328 (1) (−4, 3)　(2) $\left(\frac{16}{5},\ -\frac{27}{5}\right)$

329 (1) $a=4,\ -2$　(2) $a=-\frac{1}{3}$

330 (3, −2)

331 (1) 2　(2) $\frac{\sqrt{10}}{2}$

332 (1) $x-2y+1=0$　(2) 5

333 $\frac{21}{2}$

2. 2次曲線

334 (1) $x^2+y^2=9$
(2) $(x-2)^2+(y+1)^2=82$
(3) $(x+2)^2+(y-4)^2=4$
(4) $(x+2)^2+(y-1)^2=2$
(5) $(x+1)^2+y^2=29$

335 (1) 中心 (−1, 0), 半径 1
(2) 中心 (−4, 3), 半径 4
(3) 中心 $\left(\frac{3}{2},\ -\frac{5}{2}\right)$, 半径 $\frac{3\sqrt{2}}{2}$
(4) 中心 (3, −1), 半径 $\frac{5}{2}$

336 (1) $x^2+y^2-4x+8y-5=0$
(2) $x^2+y^2+2x-4y-20=0$

337 (1) 円 $(x-10)^2+y^2=36$
(2) 円 $\left(x+\frac{13}{3}\right)^2+y^2=\frac{64}{9}$

338 (1) $2x+y=5$　(2) $y=2$
(3) $-2\sqrt{2}\,x+y=9$
(4) $x=-\sqrt{7}$

339 (1) $y^2=8x$　(2) $x^2=-4y$
(3) $y^2=-4x$　(4) $x^2=2y$

340 グラフ略。
(1) 焦点 (1, 0), 準線 $x=-1$
(2) 焦点 (−2, 0), 準線 $x=2$
(3) 焦点 $\left(0,\ \frac{1}{4}\right)$, 準線 $y=-\frac{1}{4}$

341 (1) $\frac{x^2}{25}+\frac{y^2}{16}=1$　(2) $x^2+\frac{y^2}{16}=1$
(3) $\frac{x^2}{7}+\frac{y^2}{4}=1$

342 グラフ略。
(1) 焦点 $(\pm\sqrt{7},\ 0)$
長軸の長さ 8
短軸の長さ 6
(2) 焦点 $(0,\ \pm\sqrt{3})$
長軸の長さ 4
短軸の長さ 2
(3) 焦点 (±1, 0)
長軸の長さ $2\sqrt{5}$
短軸の長さ 4
(4) 焦点 $\left(\pm\frac{\sqrt{15}}{2},\ 0\right)$
長軸の長さ 4
短軸の長さ 1

343 略

344 (1) $\frac{x^2}{9}-\frac{y^2}{16}=1$
(2) $\frac{x^2}{2}-\frac{y^2}{2}=-1$
(3) $x^2-\frac{y^2}{8}=1$

345 グラフ略。
(1) 焦点 (±5, 0), 漸近線 $y=\pm\frac{3}{4}x$
(2) 焦点 $(0,\ \pm\sqrt{5})$,
漸近線 $y=\pm 2x$
(3) 焦点 $\left(\pm\frac{\sqrt{3}}{2},\ 0\right)$,
漸近線 $y=\pm\sqrt{2}\,x$
(4) 焦点 $(\pm\sqrt{41},\ 0)$,
漸近線 $y=\pm\frac{4}{5}x$

346 略

347 (1) $3x-4y=25,\ 4x+3y=25$
(2) $y=-2,\ x=2$

348 (1) $y=2x+\sqrt{5},\ y=2x-\sqrt{5}$
(2) $y=\pm\sqrt{3}\,x+2$

349 (1) 接線 $y=-7x$,
このとき接点は $\left(-\frac{2}{5},\ \frac{14}{5}\right)$,
接線 $y=x$,

このとき接点は $(2,\ 2)$

(2) $2\sqrt{2}$

350 (1) $(x-1)^2+(y-1)^2=1$

または $(x-5)^2+(y-5)^2=25$

(2) $(x-4)^2+y^2=26$

351 $(x-1)^2+(y+1)^2=25$

352 (1) $(2,\ 0)$, $\left(\frac{14}{25},\ -\frac{72}{25}\right)$

(2) $\left(-\frac{1}{2},\ -5\right)$

(3) $(4,\ 4)$, $(1,\ -2)$

353 (1) $k=\pm2\sqrt{17}$

(2) $-2\sqrt{17}<k<2\sqrt{17}$

354 (1) $k=\pm\sqrt{3}$

(2) $k<-\sqrt{3}$, $\sqrt{3}>k$

355 略

3. 不等式と領域

356～359 略

360 (1) $x=y=2$ で最大値 4

$x=y=0$ で最小値 0

(2) $x=y=2$ で最大値 4

$x=y=1$ で最小値 2

(3) $x=y=0$ で最大値 0

$x=\frac{2\sqrt{5}}{5}$, $y=1-\frac{\sqrt{5}}{5}$ で最小値

$1-\sqrt{5}$

361 $x=y=1$ で最小値 2

362 $x=4$, $y=-3$ のとき最大値 25

$x=y=\frac{1}{2}$ のとき最小値 $\frac{1}{2}$

363 略

364 $\begin{cases} y>-2x+7 \\ y>3x-8 \\ y<\frac{1}{2}x+\frac{9}{2} \end{cases}$

365, 366 略

7章の問題

1 $k<-1$, $4<k$

2 (1) $y^2=x$

(2) $x^2=-4y$

3 (1) $(x-2)^2+\frac{(y-2)^2}{10}=1$

(2) $\frac{(x-1)^2}{2}-\frac{(y-2)^2}{2}=1$

(3) $(y+1)^2=8x$

4 (1) $y=-x+1$

(2) $y=\pm\frac{\sqrt{5}}{3}x+3$

(3) $y=x\pm\sqrt{3}$

5～8 略

8章 集合・場合の数・命題

1. 集合と要素の個数

367 (1) $7\in A$, $7\notin B$

(2) $12\notin A$, $12\notin B$

(3) $14\notin A$, $14\in B$

(4) $130\in A$, $130\in B$

368 (1) $A=\{1,\ 2,\ 4,\ 5,\ 10,\ 20\}$

(2) $B=\{0,\ 1,\ 4\}$

369 (1) $\overline{A}=\{1,\ 3,\ 5,\ 7,\ 9\}$

(2) $A\cup B=\{2,\ 3,\ 4,\ 5,\ 6,\ 7,\ 8\}$

(3) $A\cap B=\{2\}$

(4) $A\cap\overline{B}=\{4,\ 6,\ 8\}$

(5) $\overline{A\cap B}$

$=\{1,\ 3,\ 4,\ 5,\ 6,\ 7,\ 8,\ 9\}$

(6) $\overline{A}\cup\overline{B}$

$=\{1,\ 3,\ 4,\ 5,\ 6,\ 7,\ 8,\ 9\}$

370 (1) $A\supset B$ (2) $A\subset B$

(3) $A\subset B$

371 (1) $\{x\mid x\leqq-5$ または $-2\leqq x\}$

(2) $\{x\mid 1\leqq x\leqq 2\}$

(3) $\{x\mid x<-2$ または $1\leqq x\}$

(4) $\{x\mid -5<x<-2\}$

372 (1) $a<-1$ (2) $3\leqq a<5$

(3) $-1\leqq a\leqq 3$

373 $a=-2$

374 (1) 8 (2) 9 (3) 11 (4) 3

375 (1) 35人 (2) 20人 (3) 11人

(4) 5人

376 (1) 16 (2) 20 (3) 20

(4) 40

377 (1) 6 (2) 42 (3) 12

(4) 84

378 (1) 858 (2) 78

379 (1) 20 (2) 60 (3) 50

380 $a=2$，$b=2$，
$A\cup B=\{-3,\ 1,\ 2,\ 7\}$

381 (1) 166　(2) 100　(3) 71
(4) 33　(5) 14　(6) 23
(7) 4　(8) 271

382 (1) 101 人　(2) 11 人
(3) 44 人　(4) 239 人

2-1. 場合の数・順列・組合せ(1)

383 15 組

384 (1) 11 通り　(2) 6 通り
(3) 18 通り

385 (1) 80 通り　(2) 8 個
(3) 12 通り

386 10 通り

387 (1) 12 個　(2) 30 個

388 (1) 72　(2) 336　(3) 840
(4) 720

389 (1) 90 通り　(2) 1680 通り
(3) 40320 通り
(4) 60 個，奇数は 36 個

390 (1) 720 個　(2) 300 個
(3) 220 個

391 720 通り

392 (1) 576 通り　(2) 3600 通り
(3) 1440 通り

393 (1) 40 番目
(2) cabed

2-2. 場合の数・順列・組合せ(2)

394 (1) 10　(2) 56　(3) 1
(4) 45

395 (1) 210 通り　(2) 20 通り
(3) 21 通り

396 1200 通り

397 60 個

398 (1) 2520 通り　(2) 105 通り
(3) 280 通り

399 (1) 210 通り　(2) 100 通り
(3) 205 通り　(4) 28 通り
(5) 56 通り

400 (1) 96 個　(2) 112 個

401 (1) 36 個　(2) 84 個

402 (1) 6 通り　(2) 20 通り
(3) 56 通り

403 (1) 6 通り　(2) 60 通り
(3) 540 通り

2-3. 場合の数・順列・組合せ(3)

404 (1) 5040 通り　(2) 144 通り

405 (1) 216 個　(2) 81 通り

406 (1) 10 個　(2) 10 個

407 (1) 2520 通り　(2) 560 通り
(3) 240 通り

408 (1) 126 通り　(2) 40 通り
(3) 102 通り

409 (1) 24 通り　(2) 12 通り

410 729 個，同じ数字を 5 回まで用いてよいとき 726 個

411 (1) 462 通り　(2) 10 通り

412 (1) 64 通り　(2) 62 通り

413 144 通り

414 (1) 30 通り　(2) 15 通り

2-4. 場合の数・順列・組合せ(4)

415 (1) $a^5+5a^4b+10a^3b^2+10a^2b^3+5ab^4+b^5$
(2) $81x^4+216x^3y+216x^2y^2+96xy^3+16y^4$
(3) $x^6-6x^5+15x^4-20x^3+15x^2-6x+1$
(4) $32a^5-80a^4b+80a^3b^2-40a^2b^3+10ab^4-b^5$

416 (1) 150　(2) 270　(3) 240
(4) -280

417 (1) 448　(2) 1215

418 (1) -60　(2) 4480

419 -1800

3. 命題と証明

420 (1) 偽　(2) 偽　(3) 偽

421 (1) 十分　(2) 必要
(3) 必要十分　(4) 必要十分
(5) 十分　(6) 必要

422 (1) m または n は奇数である。
(m または n は偶数でない。)
(2) $a\neq 0$ かつ $b\neq 0$ である。
(3) すべての x について 0 でない。
(4) ある x について $f(x)<0$
(5) $x+y\leqq 0$ または $xy\leqq 0$ である。

(6) x, yの少なくとも一方は0でない。

423 (1) 逆：$a^2=1$ ならば $a=1$ である。
(偽)(反例：$a=-1$)
裏：$a \neq 1$ ならば $a^2 \neq 1$ である。
(偽)(反例：$a=-1$)
対偶：$a^2 \neq 1$ ならば $a \neq 1$ である。
(真)

(2) 逆：平行四辺形ならば長方形である。(偽)
裏：長方形でないならば平行四辺形でない。(偽)
対偶：平行四辺形でないならば長方形でない。(真)

424 (1) 必要 (2) 十分
(3) 必要十分

425〜427 略

428 $1<a<5$

429 略

8章の問題

1 71通り

2 区別のつかないさいころの場合は，6通り
区別のできるさいころの場合は，25通り

3 (1) 9通り (2) 9通り

4 (1) 126通り (2) 1206通り

5 (1) 70通り (2) 240通り

6 (1) 462通り (2) 80通り
(3) 70通り (4) 322通り

7 (1) 28通り (2) 168通り
(3) 70通り (4) 35通り
(5) 210通り (6) 105通り

8 (1) 35通り，どの夫婦も別になるのは8通り
(2) 119通り，男性のみのグループができるのは11通り

9 (1) 2520通り (2) 720通り
(3) 360通り

10 (1) 648個 (2) 448個
(3) 848個

11 (1) 5通り (2) 21通り
(3) 5796通り

12 -48

13, 14 略

●本書の関連データがwebサイトからダウンロードできます。

https://www.jikkyo.co.jp/download/ で

「新版基礎数学　演習　改訂版」を検索してください。

提供データ：問題の解説

■監修

岡本和夫（おかもとかずお）　東京大学名誉教授

■編修

福島國光（ふくしまくにみつ）　元栃木県立田沼高等学校教頭

鈴木正樹（すずきまさき）　沼津工業高等専門学校准教授

佐藤尊文（さとうたかふみ）　秋田工業高等専門学校准教授

中谷亮子（なかたにあきこ）　元金沢工業高等専門学校准教授

安田智之（やすだともゆき）　奈良工業高等専門学校教授

●表紙・本文基本デザイン――エッジ・デザインオフィス

●組版データ作成――㈱四国写研

新版数学シリーズ

新版基礎数学　演習　改訂版

2010年12月28日　初版第1刷発行

2020年7月1日　改訂版第1刷発行

2023年2月28日　第3刷発行

●著作者　岡本和夫　ほか

●発行者　小田良次

●印刷所　株式会社広済堂ネクスト

●発行所　実教出版株式会社

〒102-8377

東京都千代田区五番町5番地

電話［営　業］(03) 3238-7765

［企画開発］(03) 3238-7751

［総　務］(03) 3238-7700

https://www.jikkyo.co.jp/

ISBN　978-4-407-34888-0　C3041

Printed in Japan